L'Art d'être Propriétaire

DE BOIS

par C. de KIRWAN

INSPECTEUR DES FORÊTS EN RETRAITE

MEMBRE CORRESPONDANT

DE LA SOCIÉTÉ CENTRALE FORESTIÈRE DE BELGIQUE

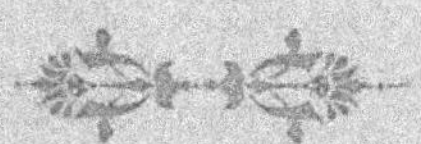

Extrait du Bulletin de la Société Centrale Forestière de Belgique)

BRUXELLES

IMPRIMERIE VANBUGGENHOUDT

42, rue d'Isabelle, 42

—

1895

L'Art d'être Propriétaire

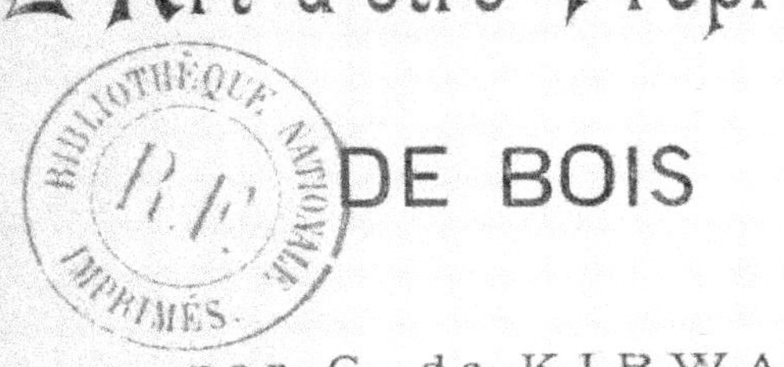

DE BOIS

par C. de KIRWAN

INSPECTEUR DES FORÊTS EN RETRAITE

MEMBRE CORRESPONDANT

DE LA SOCIÉTÉ CENTRALE FORESTIÈRE DE BELGIQUE

Extrait du *Bulletin de la Société Centrale Forestière de Belgique)*

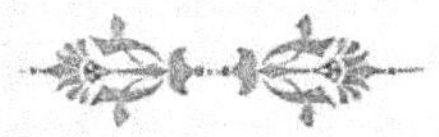

BRUXELLES

IMPRIMERIE VANBUGGENHOUDT

42, rue d'Isabelle, 42

1895

Table des Matières

L'art d'être propriétaire de bois

L'art d'être propriétaire de bois ne consiste pas seulement à être l'heureux possesseur de belles forêts donnant de bons revenus. Il faut de plus, si l'on veut tirer de ce genre de propriété tout ce qu'on est en droit d'en attendre, si l'on veut la conserver intacte et de manière à la transmettre à ses héritiers améliorée et enrichie, il faut connaître à fond le traitement des bois. Et qu'est-ce que le traitement des bois ? C'est la sylviculture, c'est, on peut le dire, l'art forestier tout entier.

Je voudrais avoir, pour justifier cette définition, la verve humoristique et charmante d'un aimable écrivain forestier de mes amis (1). Nul ne sait, comme lui, présenter les connaissances les plus spéciales du métier sous une forme badine et enjouée, introduire le précepte austère à la faveur d'une

(1) M. E. Desjobert, inspecteur des forêts de l'Etat à Montluçon (Allier-France)

saillie heureuse, revêtir le développement des règles d'une bonne gestion de l'attrait d'une promenade sous bois, semée d'anecdotes presque toujours descriptives. Ceux des lecteurs de ce *Bulletin* qui auraient lu, dans la *Revue des questions scientifiques* de Bruxelles, livraison d'avril 1893, la *Causerie d'un forestier*, et dans la livraison de juillet suivant, *La forêt de Civrais*, n'auront garde de me démentir (1).

Ne voulant pas *forcer mon talent*, suivant le très sage conseil d'un penseur, qui fut un forestier médiocre mais un fabuliste incomparable (2), je voudrais seulement présenter avec clarté les données, fondées sur les observations les plus récentes, concernant les meilleures méthodes de culture, d'exploitation, d'emploi et d'estimation des bois, suivant les conditions très variées qu'elles peuvent présenter. Cette variété s'explique par les nombreux climats qui, selon l'altitude, la latitude, la situation maritime ou intérieure, se rencontrent en France et ont, par conséquent, leurs similaires dans toute l'Europe centrale.

Pour cela faire, nul guide ne saurait être plus sûr, nul modèle plus achevé qu'un ouvrage récemment paru, dont il a été rendu sommairement compte ici-même (3) et qui est dû à un éminent praticien français. Tour à tour administrateur, puis professeur à l'École forestière de Nancy, puis de nouveau administrateur de forêts de l'Etat, des communes et des établissements publics sur des points de la France très divers, administrateur également de forêts dont il est possesseur lui-même, M. Broilliard a, en outre, complété son expérience et ses connaissances pratiques par de nombreux

----

(1) Voir aussi les monographies suivantes :

Les forêts de Tronçais et de Civrais, dans la *Revue scientifique du Bourbonnais*, novembre 1890. — *La forêt de Soulongis*, ibid , octobre-décembre 1891. — *Grosbois, forêt du grès bigarré*, dans la *Revue des eaux et forêts*, du 10 mai 1892. — *La forêt de Château-Charles*, ibid., 10 octobre 1893. — *La forêt de Dreuille et les repeuplements résineux*, dans la *Revue scientifique du Bourbonnais*, janvier-février 1894.

Dans chacune de ces monographies on retrouve le même *humour*, l'esprit non cherché et coulant de source, l'entrain, la bonne humeur mis au service d'un enseignement pratique, varié et appuyé sur les plus saines notions du métier.

(2) On sait que Lafontaine possédait une charge de Maître particulier des Eaux et Forêts.

(3) Numéro de mars 1894.

voyages d'exploration scientifique, des Vosges et du Jura aux Alpes et aux Pyrénées pour la France, et, hors de France, en Belgique, en Suisse, en Angleterre et jusqu'en Roumanie. En outre, de multiples correspondances avec des forestiers de tous les pays ont mis notre auteur dans des conditions exceptionnellement favorables pour juger en pleine connaissance de cause, établir des points de comparaison variés et appuyer ses démonstrations de l'indiscutable autorité de faits soigneusement observés et se corroborant les uns par les autres. Enfin, retraité maintenant et placé désormais en dehors des pouvoirs publics, notre auteur a aujourd'hui, bien plus que quand il était professeur à Nancy ou Conservateur des Forêts à Macon ou à Dijon, toute aisance pour exposer librement les principes et les théories qui ont ses préférences et qu'il juge, appuyé sur ses observations et son expérience personnelles, le plus conformes à la vérité pratique.

Le champ de cette expérience et de ces observations s'est étendu à toutes les formes de gestion de la propriété forestière, qu'elle soit possédée par l'Etat, les communes, les sociétés hospitalières ou autres, ou, sur de vastes ou petites étendues, par de grands ou modestes propriétaires fonciers. Et le livre qui est sorti de là a le triple et bien rare mérite d'être tout à la fois savant et point ennuyeux, technique et point obscur, didactique et point aride (1).

C'est à l'occasion de cet important travail que je vais essayer de donner un aperçu des principales connaissances qu'il est de l'intérêt de tout propriétaire forestier de posséder et de savoir appliquer. Suivre le plan même de l'auteur, y renvoyer parfois pour le détail des opérations ou des procédés dont la donnée générale aura été indiquée, se permettre de loin en loin d'y faire intervenir ses propres idées, voire de contester certains points dont l'évidence ou la généralité ne paraissent pas devoir être admises d'une manière absolue, tel est le but que s'est proposé l'auteur du présent article. Puisse-t-il, à son tour, n'être ni obscur, ni aride, ni ennuyeux.

(1) *Le traitement des bois en France, estimation, partage et usufruit des forêts*, par Ch. Broilliard, ancien professeur à l'Ecole forestière de Nancy. — 1894, Paris et Nancy, Berger-Levrault.

I

Données générales sur la gestion.

Une forêt peut se présenter sous bien des aspects différents.

Telle forêt est à l'état de *taillis* simple, telle autre à l'état de taillis *composé*, c'est-à-dire surmonté d'arbres de futaie, — ou bien encore à l'état de *futaie pleine*. Cette dernière peut être peuplée d'essenses feuillues ou de bois résineux, et dans ce dernier cas, la futaie peut n'être pas à l'état plein, mais bien à l'état de forêt *jardinée*. Il arrive même ordinairement, quand la forêt occupe une étendue de terrain suffisamment grande, qu'elle présente tout ou partie de ces divers aspects en même temps, offrant ici une série d'exploitations en taillis simple, plus loin, une série de futaie pleine ou de taillis composé, etc,

Toutes ces conditions diverses demandent à être étudiées séparément. Mais quel que soit le mode de traitement auquel une forêt est soumise, il est des règles générales de gestion qui s'appliquent à tous les cas et qu'un propriétaire soucieux de ses intérêts doit tout d'abord s'appliquer à connaître.

Supposons que, par suite de succession ou de tout autre manière, vous deveniez un beau jour propriétaire d'une forêt de quelque importance, avantageusement située et peuplée de bois en bon état de végétation. Il s'agira pour vous tout d'abord d'en prendre possession, j'entends d'en prendre possession d'une manière effective, réelle, raisonnée, qui vous donne connaissance, non seulement de l'ensemble, mais de tous les détails concernant votre nouvelle propriété.

Et ces détails sont nombreux.

Il faut d'abord faire une reconnaissance exacte des limites, soit naturelles, comme ruisseaux, chemins publics, crêtes de rochers ; soit artificielles, comme bornes, fossés, rigoles, palissades, et en établir là où il n'en existe pas. De bonnes palissades ou des murs de pierre sèche pour empêcher les invasions du bétail, seront de rigueur le long des portions du périmètre confinant à des prés, à des pâturages quelconques. Les limites de votre propriété étant assurées, se présente aussitôt la question des chemins d'exploitation et des lignes séparatives des coupes. Question très importante, car tant vaut la viabilité d'une forêt, tant valent ses produits. Respectez et améliorez au besoin les anciens chemins, car ils ont presque toujours leur raison d'être. Ouvrez-en là où il n'en existe pas : cela se peut et se doit faire toujours d'une manière économique. Entretenez avec soin les lignes séparatives des coupes ; c'est par elles que sont fixés sur le terrain l'ordre et la bonne marche des exploitations.

Si ces lignes n'existent pas, ce sera l'affaire de l'opération appelée *aménagement* de les établir. Il en sera parlé plus loin. Mais qu'elles existent ou non, une forêt, surtout si elle occupe des terrains assez vastes, comporte toujours différentes nuances d'aspect dans les peuplements. Elle est toujours, en fait, divisée en un plus ou moins grand nombre de parcelles que déterminent des entrecroisements de chemins, des ruisselets, des ravins, des crétes, des plis ou accidents divers du terrain. Levez ou faites lever le plan de la forêt avec tous ces détails, s'il n'existe pas déjà; s'il existe assurez-vous de sa parfaite exactitude. Puis parcourez, un exemplaire du plan à la main, toutes les parcelles successiment, en prenant des notes qui vous permettront d'en rédiger la description et de l'inscrire ensuite sur un registre préparé à cet effet.

Ce n'est pas tout. Si vous voulez posséder votre bien en pleine connaissance de cause, faites, ou au moins faites faire l'inventaire du matériel sur pied de chaque parcelle, et répétez cette opération de temps à autre, tous les 6, 8 ou 10 ans par exemple, selon le plus ou moins d'activité de la végétation. A cet effet, l'on doit procéder dans chaque parcelle au comptage de tous les arbres de futaie, en les classant par essences et par catégories de grosseur (circonférence ou diamètre) à partir d'un minimum déterminé, en évaluant la hauteur moyenne de fût propre au service dans chacune de ces catégories et estimant par approximation le volume du sous-bois. La même opération, répétée au bout de dix ans, je suppose, permettra de se rendre compte de l'accroissement et de la plus-value de la superficie, d'où l'on déduira la production du sol.

Il y a encore les questions de surveillance, de répression

des délits et, s'il s'agit d'une grande propriété, de la gérance.
Pour les modes de surveillance et de répression, ce sont
choses qui varient avec les temps et les lieux ; mais quant à
la gérance, il est et il sera toujours vrai que le meilleur
gérant d'une grande forêt sera le propriétaire lui-même : si
le labeur lui paraît un peu dur au début, il apprendra bien
vite à y trouver un charme extrême, tout lui deviendra un
motif d'intérêt, ses arbres seront pour lui des amis dont il
se plaira à suivre le développement et l'évolution. Si même,
ne pouvant se passer d'un gérant, il a la bonne fortune de
rencontrer un praticien éclairé et consciencieux, qu'il ne
s'abstienne pas, pour autant, de s'intéresser à ses massifs, à
ses peuplements ; qu'il suive les opérations de son gérant et
les contrôle par lui-même le plus souvent possible.

La vente des coupes d'une forêt est, si l'on peut ainsi
s'exprimer, le point culminant de la gestion ; c'en est, écono-
miquement parlant, le but, le résultat pratique et comme le
résumé. C'est, à la forêt, ce que la moisson est au champ, la
fenaison à la prairie, la vendange au vignoble. Il y a plusieurs systèmes de ventes de coupes de bois. Le plus simple
et ordinairement le plus sûr, est la vente sur pied de la
coupe préalablement délimitée sur le terrain, conformément
à un cahier des charges imposant au marchand l'obliga-
tion d'exploiter suivant des règles et dans des délais déterminés. Faire exploiter soi-même pour mettre ensuite en
vente les produits façonnés est parfois dangereux : on
s'expose, si la concurrence vient à manquer, à passer sous
les fourches caudines de l'acheteur ; car le bois, une fois
abattu, façonné et gisant à terre, ne saurait plus attendre
bien longtemps sans se détériorer, et vient un moment où il
faut, coûte que coûte, s'en débarrasser. Tandis que le bois
sur pied peut, sans amoindrissement le plus souvent, parfois
même avec profit, attendre une ou plusieurs années, jusqu'à
ce qu'il en soit offert un prix suffisant.

Tout propriétaire de bois ne possède pas une forêt assez
vaste ou un ensemble de grands massifs boisés suffisant pour
lui permettre de faire la loi au commerce local, ou au moins
de ne pas se la laisser faire. Dans certains pays — notre auteur
cite le département du Doubs, j'y ajouterai l'arrondissement

de Clamecy, dans la Nièvre — les propriétaires s'associent ou
au moins se concertent pour charger un même agent d'affaires
de la mise en vente, chaque année, de leurs coupes de bois.
La publicité est ainsi mieux assurée et plus grande, les frais
généraux moindres, la concurrence mieux établie et l'opération plus aisément loyale de part et d'autre. En outre, l'agent
ou officier ministériel plus spécialement chargé de ces sortes
d'affaires, est, plus aisément que les particuliers, au courant
des prix et des cours des bois de toute catégorie, et peut
appliquer plus sûrement qu'eux, à chaque produit à mettre
en vente, le prix qu'on en peut obtenir.

C'est aux volumes des bois que ces prix sont applicables. Il
faut donc que le propriétaire soit à même de les évaluer dans
la coupe qu'il veut mettre en vente. Les règles pratiques du
cubage des bois sont bien connues. Elles sont assez simples
et se groupent en différentes méthodes, suivant la nature
des produits que l'on se propose de tirer des bois à exploiter,
soit de l'arbre *en grume*, c'est-à-dire revêtu de son écorce et
avant tout équarrissage, — soit de l'arbre grossièrement
équarri avec *flâchis* aux angles, — soit du chêne équarri *à
vive arête* après enlèvement de l'aubier, — soit enfin d'un
équarrissage un peu moins complet, en négligeant la pré-
occupation de l'aubier.

Sans entrer dans le détail, rappelons seulement que, dans
le premier cas, on considère l'arbre à cuber comme un cylin-
dre qui aurait pour base la surface du cercle mesurée au
milieu de sa longueur utilisable ; que, pour les pièces de bois
destinées seulement à un grossier équarrissage, on cube *au
quart*, en prenant comme base le quart de la circonférence
moyenne multiplié par lui-même, mode très usité pour les
résineux ; que, pour le chêne qui, en raison de son aubier,
veut être équarri à vive arête, on obtient la base en multipliant par lui-même le cinquième seulement de la circonférence : c'est le cubage au *cinquième déduit*, donnant un volume
à très peu près équivalent à la moitié du volume en grume (1),
enfin que, dans le dernier cas, on prend le quart de la
circonférence moyenne *diminuée de 1/6*, pour obtenir, en

(1) On voit que cette marche équivaut, plus simplement, à retrancher, à *déduire*,
de la circonférence totale, 1/5e d'elle-même, et à prendre ensuite le quart du reste
pour l'élever au carré. De là le nom de cubage « au cinquième *déduit* ».

multipliant ce quart par lui-même, la surface de base, laquelle multipliée à son tour par la longueur utilisable, donnera le volume cherché, soit environ 56 p. c. du volume en grume.

Pour les arbres sur pied, il est toujours préférable de mesurer leurs diamètres plutôt que leurs circonférences. On se sert pour cela du *bastringue*, appelé encore et plus élégamment, *compas forestier*. Il consiste en trois lattes ou règles en bois, dont deux sont fixées à angle droit l'une sur l'autre par leur extrémité, l'une des deux étant graduée, et la troisième glissant à coulisse sur celle-ci parallèlement à la première. A la hauteur de 1^m30 ou 1^m35 du sol (pour ne pas comprendre l'empâtement du pied de l'arbre dans sa base utilisable), on saisit l'épaisseur du tronc entre la première règle fixe et la règle mobile et on lit ensuite le diamètre *de base* sur la règle graduée. Pour avoir le diamètre *moyen*, on évalue, au juger, la réduction à faire au diamètre de base afin de le ramener au diamètre au milieu de la hauteur de la tige.

Ordinairement, quand il s'agit du chêne, la réduction du diamètre est de 1/10 pour 9 à 10 mètres de longueur de fût; de 1/10 et demi ou 15/100, pour 10 à 15 mètres; de 2/10, pour 10 à 20 mètres. Plus simplement, on peut adopter une réduction de 10 à 15 p. 100, suivant que la moyenne des hauteurs est moins ou plus élevée (1).

Connaissant le diamètre moyen, on obtient assez rapidement la surface du cercle en prenant les 785 millièmes du carré dudit diamètre (2).

(1) Dans la pratique, on se sert, sur le terrain, de tarifs de cubage établis d'avance et où les volumes des arbres ont été calculés en fonction des diamètres mesurés à quatre pieds du sol.

(2) Car la surface d'un cercle étant égale à sa circonférence multipliée par le quart de son diamètre, on a : $S = C \times \dfrac{D}{4}$. Mais la circonférence C est égale à $2\pi R$ ou πD : donc $S = \pi \dfrac{D^2}{4}$ ou $\dfrac{3.14}{4} \times D^2$. Or, $\dfrac{3.14}{4} = 0.785$. Par conséquent, en multipliant le carré du diamètre d'un cercle quelconque par le facteur constant 0.785, on aura toujours la surface de ce cercle.

On voit aisément par là que les volumes de troncs ou billes d'égale longueur sont entre eux comme les carrés de leurs diamètres. Soient deux billons de 1 mètre d'axu ou longueur, l'un ayant 0^m60 de diamètre et l'autre 0^m30 seulement ; le volume de premier sera le quadruple de celui du second. On aura, en effet, pour le premier :
$$0.785 \times 0.6 \times 0.6 = 0^{m}.328$$
et pour le second :
$$0.785 \times 0.3 \times 0.3 \times = 0^{m3}07.$$
D'où il suit qu'il y a généralement plus d'avantage à favoriser l'accroissement en diamètre que l'accroissement en hauteur, lequel n'est qu'en proportion simple de celle-ci.

Si l'on a affaire à des arbres de 18 à 20 mètres de hauteur par exemple, le diamètre au milieu étant les 8/10 (ou les 4/5) du diamètre à quatre pieds du sol, il se trouve que la section moyenne, (c'est à dire la surface du cercle correspondant à ce diamètre au milieu de la longueur de l'arbre), est sensiblement égale à la moitié du carré construit sur le diamètre de base (1). Il suffira donc, dans ce cas, de prendre le demi-carré du diamètre mesuré à hauteur d'homme, pour avoir la surface de la section moyenne qui, mulpliée par la longueur du fût ou de la bille, en donnera le volume. Soit cette longueur, 20 mètres, et le diamètre, 0^m80, dont le carré est 0 m.c. 64, on aura pour le volume total de la bille :

$$0.32 \times 20 = 6^{m.3}40.$$

Si, comme il arrive souvent parmi les futaies sur taillis, les arbres n'ont que 8 à 9 mètres de longueur de fût, le diamètre ou milieu sera des 9/10 du diamètre de base (toujours mesuré à hauteur d'homme ou environ 1^m30 du sol). Ici le rapport ne sera plus le même, puisque nous aurons une base cylindrique qui sera à la précédente comme le carré de 9 ou 81 est au carré de 8 ou 64, c'est-à-dire quelle en sera, à peu de chose près, les cinq quarts. Il faudra donc augmenter d'un quart la surface donnée par le demi-carré du diamètre de base et la multiplier ensuite par 9. Ainsi, le diamètre de base étant 0^m80 dont le demi carré est $0^{m2}32$, il faudra ajouter à ce demi carré son quart, ou 0.08, ce qui nous donnera $0^{m2}40$; le produit de cette surface par 9, ou $3^{m3}60$, sera le volume cherché. Plus simplement, on multipliera le demi-carré du diamètre de base par la longueur, et l'on augmentera le produit de son quart : $0.32 \times 9 + \frac{1}{4} \times 2.88 = 3.60$.

Règle générale : suivant les décroissances constatées

(1) En effet, supposons deux cercles dont les diamètres soient respectivement 10 et 8 : on aura pour la surface du premier :

$$\overline{10}^2 \text{ ou } 100 \times 0.785 = 78.50$$

et pour le second :

$$\overline{8}^2 \text{ ou } 64 \times 0.785 = 50.40,$$

soit 50, en négligeant la fraction qui, dans l'espèce, est peu importante. Mais, précisément, la moitié de $\overline{10}^2$ est 50.

On arrive à la même conclusion par la formule: $\dfrac{D^2}{2} = \dfrac{\pi \, (0.80 \, D.^2}{4} = 0.785 \times (0.80 \; D)^2$, à une faible fraction près.

des diamètres, en comparant entre eux les carrés des nombres qui les représentent et tenant compte des longueurs de fût, on arrivera aisément à reconnaître de combien il faut augmenter ou diminuer, au mètre courant, le volume calculé comme il vient d'être dit.

Connaissant le volume en bois de service et d'industrie des arbres compris dans une coupe à vendre, il s'agit d'en apprécier la valeur en argent. Il faut aussi se rendre compte du produit des *houppiers* et branchages, c'est-à-dire de toute la partie aérienne des arbres autre que le tronc ou la tige propre au service. Enfin, si les arbres dont on a évalué le volume surmontent un *sous-bois* destiné à être abattu avec eux, il faut pouvoir estimer aussi le volume et la valeur en argent, de ce sous-bois ; mais ce dernier point sera examiné dans une autre division du présent travail. Occupons-nous ici des deux points précédents.

L'application des prix au volume des arbres est chose extrêmement variable. Elle dépend non seulement des conditions économiques générales ou locales, mais de l'essence, de la situation et des dimensions des bois. En supposant les bois à estimer dans des conditions normales de viabilité et de débouchés, nous rattacherons les diverses essences de nos pays à trois types : chêne, sapin et hêtre. Au premier type, nous ramènerons le frêne, l'orme champêtre, le sorbier cormier, le poirier sauvage et autres bois durs et de valeur qui se cubent comme le chêne. L'épicéa, botaniquement et industriellement très voisin du sapin, se cube et s'estime d'une manière analogue ; on peut encore leur adjoindre, dans une certaine mesure, le mélèze et les pins. Au hêtre, nous adjoindrons charme, bouleau, mérisier, alisier, aunes et divers s'estimant plus ordinairement en stères empilés.

S'agit-il, dans une forêt donnée, de chênes et d'essences d'une valeur comparable, le prix de l'unité de volume va croissant d'une manière à peu près proportionnelle au diamètre.

Les arbres de 0^m20 de diamètre se cotant à raison de 15 francs le mètre cube en grume, par exemple, ceux de 0^m40 se coteront 30 francs et ceux de 0^m80, 60 francs le mètre cube ; de même, au diamètre de 0^m30, la valeur serait de

22 fr. 50, à celui de 0^{m}60, elle serait de 45 fr., et ainsi de suite. On cite même des forêts, en Flandre et en Picardie, où le prix du mètre cube est, à très peu près, représenté par un nombre de francs égal au nombre de centimètres du diamètre mesuré à hauteur d'homme, les arbres de 0^{m}20 de diamètre s'évaluant à raison de 20 fr., ceux de 0^{m}30 à raison de 30 fr., ceux de 0^{m}80 à raison de 80 fr. le mètre cube, etc.

Il va de soi que si les arbres, au lieu d'avoir été cubés au volume réel, avaient été cubés au quart ou au cinquième, les prix devraient être modifiés dans une proportion inverse. Dans la pratique on considère le volume grume comme étant exactement le double du volume au cinquième déduit. Si donc le mètre cube grume vaut 20 ou 30 fr., je suppose, le mètre cube des mêmes arbres calculé au cinquième, vaudra 40 et 60 francs.

Dans les forêts de sapin (*Abies pectinata*, D.C.), les prix s'accroissent d'une manière analogue, mais dans une proportion moindre et d'après une base un peu différente ; car ici la longueur des fûts joue un rôle plus important. Alors que des chênes de futaie sur taillis verraient leur hauteur en mètres croître comme 6, 7, 8, 9, 10, 10.20 et 10.40, pour des diamètres respectifs de 2, 3, 4, 5, 6, 7 et 8 décimètres, des sapins ayant crû en massif régulier donneraient aisément, pour les mêmes diamètres, des hauteurs croissant de 4 en 4 mètres, savoir : 8, 12, 16, 20, 24, 28 et 32 mètres. Et si le prix du mètre cube aux dimensions les plus faibles était de 12 fr., ce prix s'élèverait successivement à 15, 20, 25, 30, 33 et 35 francs. On suppose ici une sapinière régulière et en très bon état de végétation ; mais bien souvent l'accroisement en hauteur ne suit pas une marche aussi rapide, et les plus gros arbres ne dépassent guère 20 mètres de hauteur en bois d'œuvre. Dans ce cas l'accroissement du prix du mètre cube suit une progression plus lente.

Le *houppier* d'un arbre est ce qui reste en branches, cimeau et ramilles, lorsqu'on a séparé le tronc ou la tige de tout ce qui est impropre à faire du bois d'œuvre. Ce n'est guère que par des expériences locales, ou par un coup d'œil de praticien très exercé, que l'on évaluera le tant pour cent en bois de chauffage que le houppier représente par rapport au bois d'œuvre. Pour les arbres feuillus, suivant que la cime en est plus ou moins élancée, ce rapport peut varier de 66 à 33 pour cent, autrement dit, des deux tiers au tiers. S'il s'agit de sapins et d'épicéas venus en massif, le rapport descend à 15 et même à 10 pour cent. Pour les pins il s'élève un peu plus haut et va jusqu'à 25 pour cent, soit au quart du volume en bois de service.

Bien souvent, le bois de chauffage de moyenne qualité, provenant des houppiers, n'est pas compté dans l'estimation, surtout quand les bois d'œuvre ont une grande importance ; on le néglige alors pour compenser les risques à courir par l'acquéreur en raison des vices ou défauts intérieurs des arbres.

Le hêtre et les autres essences d'ordre secondaire s'estiment généralement, non plus au mètre cube, mais au stère. Car, en langage forestier, *stère* n'est pas synonyme de *mètre cube*. Celui-ci s'applique au volume plein ou à la somme des volumes pleins des pièces de bois mesurées ; celui-là s'entend du bois débité en bûches pour le chauffage, et régulièrement *empilé*. Si l'on a évalué au volume plein dix mètres cubes de bois, et si l'on façonne ensuite ces dix mètres cubes en bois de chauffage, on trouvera généralement, quand on aura rangé toutes ces bûches en un tas régulier, 15 1/2 stères. Ainsi les intervalles et interstices compris entre les bûches rangées avec tout le soin possible représentent un peu plus d'un tiers du volume plein. Un négociant peu scrupuleux a parfois une habileté extrême pour multiplier les interstices et les vides dans l'intérieur d'une pile de bois, sans qu'il y paraisse au dehors ; et de cette manière un mètre cube lui fournit bien plus de 1st55 à livrer à l'acheteur. Il faut dire aussi que suivant que le bois sera droit, fendu régulièrement et sans nœuds, ou bien de formes irrégulières, noueux, tortu, comme sont souvent les branchages, par exemple, la proportion des vides variera plus ou moins. Le rapport 1.55 ou, pour la commodité des calculs, 1.50, représente une moyenne.

Le hêtre toutefois ne s'utilise pas seulement en bois de chauffage. Après injection à la créosote ou au sulfate de cuivre, il est d'un fréquent usage comme traverses de chemins de fer. Il a encore d'autres emplois en tant que bois d'industrie: planches, plateaux, voliges, boisselerie et ébénisterie commune, charronnage, etc. Il y a donc lieu, souvent, de même que pour les autres bois de second ordre, de le cuber au volume plein. Le hêtre ayant crû en futaie pleine n'est pas sans analogie, comme forme et rendement de la tige, avec le sapin. Venu sur taillis il est d'aspect beaucoup moins régulier. Il faut alors évaluer la longueur en bois d'œuvre de chaque arbre pour en déterminer le cube ; celui-ci, quelquefois, n'est que le tiers du volume total; un œil exercé s'en rend compte. En prenant alors le tiers du nombre total de stères que doit fournir l'arbre considéré, et divisant ce tiers par 1.55, on obtient ainsi le volume plein propre à l'industrie.

Les bois de hêtre, charme, bouleau, etc., sont de prix relativement peu élevés et qui croissent beaucoup moins avec la grosseur des arbres. Ces prix varient, du reste, comme toujours, avec les localités et suivant le plus ou moins de difficultés de l'exploitation et de la conduite sur les places de débouchés.

Dans les pays d'exploitations minières, diverses essences de bois acquièrent une valeur spéciale comme perches de mines, étais et étançons. Le chêne, le frêne, l'aune, les pins sylvestre et maritime, parfois même, bien qu'en faible proportion, le saule et le bouleau, dans le Lyonnais le sapin et le mélèze, sont recherchés pour cet usage. On vise alors plutôt à l'accroissement en hauteur qu'au développement en grosseur. Les perches et les étançons ou bois de voie sont l'objet de classifications spéciales et de tarifs particuliers, variant quelque peu du reste avec les compagnies minières, mais qui ne sauraient trouver place dans cette rapide étude.

II

Les taillis simples

On sait qu'une forêt, un simple boqueteau, ou, dans une forêt de vaste étendue, une série d'exploitation, peuvent se présenter sous l'aspect soit d'un bois de futaie, soit d'un bois taillis.

Ce qui distingue essentiellement le massif de futaie du bois taillis, c'est que dans le premier le peuplement se régénère exclusivement par semis naturels, c'est-à-dire par les graines tombées des arbres avant leur abatage, tandis que, dans un taillis pur, la *régénération* ou reproduction du bois après exploitation, se fait seulement par les rejets qui poussent sur les *souches* des brins et des cépées abattus, ou encore quelquefois par les *drageons* ou rejets qui surgissent sur les racines courant à fleur de terre.

Quand on a la sagesse, en exploitant les coupes d'un taillis, de réserver un certain nombre de brins, tant de l'âge même du taillis que de deux ou plusieurs âges, on réalise le taillis composé ou taillis sous futaie, qui représente un régime mixte, entre la futaie proprement dite et le taillis pur ou *taillis simple*, pour employer le terme reçu. Car, s'il se régénère principalement par rejets de souches et drageons, les graines qui tombent des vieux arbres contribuent aussi à entretenir la perpétuité des massifs.

Personnellement, l'auteur des présentes lignes est peu partisan, sauf quelques cas tout à fait exceptionnels, du régime du taillis simple. Il estime que l'on peut presque toujours trouver, ne serait-ce que peu à peu, un nombre de brins et d'arbres suffisant pour constituer graduellement une réserve convenable de pieds de futaie au-dessus des bois qu'on aurait reçus à l'état de taillis simple. Mais comme, après tout, ce régime constitue un mode d'exploitation fréquemment employé, il est bon d'indiquer la manière d'en tirer le meilleur ou le moins mauvais parti possible.

Les essences qui conviennent au régime du taillis simple sont exclusivement les essences feuillues, car les arbres résineux, végétaux phanérogames gymnospermes, ne repoussent généralement pas du pied comme les angiospermes. Encore, parmi les feuillus, le hêtre se fait-il prier et ne donne-t-il que faiblement après la coupe, et le bouleau suit un peu l'exemple du hêtre.

Les chênes *rouvre* (ou à glands sessiles) et *pédonculé* rejettent abondamment et jusqu'à un âge avancé, le premier dans les terrains secs, le second dans les sols frais ou légèrement humides. Dans le nord et le centre de la France, ils croissent en mélange dans les sols moyens. Dans le midi, où les deux variétés les plus répandues de l'essence chêne se séparent suivant la nature des terrains, l'yeuse et le chêne tauzin forment d'excellents taillis, et, de plus que leurs congénères, donnent des drageons par les racines.

Le charme est par excellence une essence de taillis.

Le frêne, les érables, le tilleul et, sur le bord des cours d'eau comme dans les terrains frais ou humides, les aunes, rejettent abondamment de la souche.

Le châtaignier de même, dans les sols non calcaires, et le robinier faux accacia dans les terres légères ; celui-ci fournit aussi d'abondants drageons, et le peuplier tremble pareillement. Si le bouleau est, comme on l'a dit, un peu plus revêche à repousser du pied ou par drageons, il compense cette infériorité par la grande abondance de ses graines qu'il porte à un âge peu avancé.

Quand on a fait *coupe blanche* en un taillis, c'est-à-dire sans y rien réserver, le terrain se trouve entièrement à découvert pendant plusieurs années, car les premières pousses, très faibles, sont longtemps avant d'apporter au sol un couvert appréciable. Et c'est là un des grands inconvénients du système, car sur ce terrain sans aucun abri, le soleil exerce une action desséchante, on peut même dire appauvrissante. Et si, de plus, l'aménagement est à courte révolution, il peut arriver que cette action appauvrissante l'emporte sur l'action améliorante du couvert lorsqu'il aura pu se reformer ; c'est alors la ruine de la forêt à plus ou moins longue échéance, qui sera la conséquence fatale de cet état de choses. Cependant, avec les années, les rejets se développent, s'étendent et finissent par s'entrecroiser, d'une cépée à l'autre ; le couvert est alors formé à nouveau : l'herbe est étouffée, les feuilles tombant à chaque automne restituent peu à peu au sol, par leur décomposition, l'humus et la fraîcheur que lui avait enlevés l'insolation des années précédentes. A partir de ce moment, le volume ligneux, infime jusqu'alors, se développe rapidement. Si l'exploitation se fait à longue révolution, à 30 ou 35 ans par exemple, il sera culturalement avantageux et pécuniairement profitable de pratiquer, dans la coupe, un nettoiement-éclaircie, vers l'âge de 20 ou de 25 ans; cette opération aura pour effet de desserrer les perches bienvenantes en enlevant celles qui dépérissent et ne viendraient pas à bien.

On réserve quelquefois, sur le taillis simple, des *baliveaux de l'âge* que l'on fait tomber à la révolution suivante. C'est un peu mieux que rien, mais cela ne remédie qu'imparfaitement aux inconvénients inhérents au système lui-même.

Asseoir une coupe dans un bois à l'état de taillis pur n'est pas toujours une chose aussi simple en soi qu'on pourrait le croire. Sans doute, si l'on entre en possession d'un bois déjà aménagé, où les coupes se font régulièrement et périodiquement par égales contenances, de telle sorte que la forêt ayant été ainsi parcourue en toute son étendue, l'on retrouve, à l'autre extrémité, des bois de l'âge d'exploitabilité permettant de continuer indéfiniment la même marche, — en un cas pareil, rien de plus facile : on n'aura qu'à continuer l'ordre adopté et suivi par les précédents possesseurs. Encore la question pourrait-elle se poser de voir s'il n'y aurait pas avantage, soit au point de vue cultural, soit au point de vue économique, à modifier plus ou moins les errements suivis jusque alors.

Mais, le cas est relativement rare d'une petite forêt ainsi parfaitement aménagée, avec coupes réglées, assises sur le terrain. Bien souvent les coupes y auront été pratiquées un peu au hasard, sans ordre méthodique. Heureux sera-t-on si, ces coupes ayant été faites de proche en proche, les divers âges du taillis se trouvent à peu près régulièrement gradués.

Prenons une hypothèse peu compliquée pour plus de clarté, et imaginons que, par une circonstance quelconque, nous nous trouvions un beau jour propriétaire d'un petit bois d'une soixantaine d'hectares, à l'état de taillis simple, en terrain plat ou à peu près, sur un sol de fertilité moyenne et la même partout, et où les essences dominantes seraient les chênes rouvre et pédonculé, avec deux dixièmes de charme, hêtre et divers. Nous supposons que ce bois n'a pas été aménagé ni soumis à des coupes annuelles, mais exploité à diverses époques, et qu'il présente trois âges bien tranchés se suivant de proche en proche, savoir 30 ans, 20 ans et 10 ans, et occupant chacun le tiers environ de la superficie.

La première idée qui se présentera à l'esprit sera d'asseoir, à l'extrémité de la forêt, du côté des bois de 30 ans, une coupe de 2 hectares, qui sera suivie, l'année suivante, d'une nouvelle coupe de 2 hectares, et ainsi de suite, de proche en proche, en se dirigeant vers les bois primitivement âgés de 20 ans et qui auront 30 ans quand sera épuisé le peuplement le plus vieux. On aura ainsi, en première coupe, du bois de 30 ans, en seconde coupe du bois de 31 ans, en troisième coupe du bois de 32 ans, et enfin du bois de 39 ans en dixième coupe. A la onzième on retrouvera du bois de 30 ans, du bois de 31 ans à la douzième, et du bois de 39 ans à la vingtième coupe ; et de même dans le troisième tiers. Si l'on a eu soin de fixer ces coupes sur le terrain par des lignes séparatives dûment essartées, soit au fur et à mesure de leur délimitation, soit mieux encore d'avance et en une seule fois, sur un plan d'ensemble, on aura ainsi la petite forêt tout aménagée. Seulement la question doit se présenter tout d'abord au nouveau propriétaire de savoir si l'âge de 30 ans, portant sur 2 hectares par an, est bien le plus avantageux pour lui. Etant donnée la composition du peuplement, supposant un sol de qualité moyenne, point trop sec ni trop humide, il apparait à première vue que l'âge de trente ans adopté pour terme d'exploitabilité n'est point trop élevé.

Mais, il se pourrait qu'il ne le fût pas assez, et que le propriétaire pût tirer un meilleur revenu de sa forêt en coupant, sur une étendue moindre, des bois plus âgés. Il sera facile de s'en rendre compte par les résultats des coupes des premières années. Supposons que la coupe des bois de 30 ans, en première année, se soit vendue 1,800 fr., à raison de 900 fr. l'hectare. Si, les prix n'ayant pas sensiblement varié pendant les années suivantes, la seconde coupe s'est vendue un peu plus cher que la première, la troisième que la seconde, etc., et qu'ainsi la cinquième soit arrivée au prix de 2,800 fr., et la dixième à celui de 3,000, nous n'aurons qu'à diviser chacun de ces chiffres successivement par le nombre d'hectares de la coupe, puis par l'âge auquel il a été obtenu, et nous aurons ainsi le rendement annuel de la propriété par hectare de la surface totale.

La première coupe âgée de 30 ans s'étant vendue 1,800 fr.,

nous avons, pour le revenu annuel à l'hectare de la propriété entière : 1,800 fr. : 2 h. : 30 a. = 30 fr.

La cinquième coupe, âgée de 34 ans, s'étant vendue 2,800 fr. le même calcul nous donnera : 2,800 : 2 : 34 = fr. 41.15.

La dixième coupe, 39 ans, ayant atteint le prix de 3,000 fr. nous avons : 3,000 : 2 : 39 = fr. 38.45.

On voit que, dans notre hypothèse, il y aura plus de profit à adopter, comme durée de la révolution, 34 ou 35 ans que 30 ans, ou bien 39 ou 40 ans. En effet, le bois de 34 ou 35 ans donnant 1,400 fr. à l'hectare, et l'étendue de la coupe étant réduite de 2 hectares à 1 h. 76 ou 1 h. 71, on aura, à l'un de ces âges, un revenu annuel de 2,400 fr. environ au lieu de 1,800 fr. pour 2 hectares exploités à 30 ans. D'autre part, les bois de 39 ou 40 ans donnant 1,500 fr. à l'hectare, et la contenance de la coupe étant, à ces âges, réduite à 1 h. 56 a. ou 1 h. 50, le revenu ne serait plus que de 2,340 fr. à 39 ans ou de 2,250 à 40 ans. On aura donc profit à aménager la petite forêt en 34 coupes de 1 h. 76 a. ou en 35 coupe de 1 h. 71 a. Mais pour cela il sera bon d'attendre quelques années, afin d'avoir le moyen, par la comparaison des rendements annuels, de déterminer le meilleur âge d'exploitabilité à adopter.

L'exemple ici employé a été choisi très simple à dessein, pour une plus facile intelligence de la chose, considérée en principe. Mais le plus souvent le cas sera plus compliqué. Notre petite forêt peut avoir subi des coupes faites sans ordre, au hasard et suivant les besoins du moment, et présenter par suite une extrême irrégularité dans les âges du peuplement. C'est alors qu'il sera à propos d'établir le parcellaire dont il a été parlé aux premières pages de cette étude, en notant l'âge approximatif de chaque parcelle. Il faudra ensuite faire exploiter trois ou quatre places d'essai de quelques ares chacune, choisies dans des parcelles d'âges notablement différents, de manière à établir des points de comparaison permettant d'évaluer l'accroissement du taillis et de déterminer l'âge d'après lequel on réglera l'exploitabilité et, par suite, le nombre et l'aire des coupes annuelles.

Cela fait, il faudra tracer sur le plan un projet de division en coupes réglées, soit annuelles, soit même biennales, si l'on

a avantage à livrer moins souvent et en plus grande quantité
à la fois les produits ligneux à la consommation. On s'inspi-
rera pour opérer ce tracé, des considérations suivantes :
1° Grouper autant que possible les bois les plus âgés dans les
coupes destinées à venir les premières en tour d'exploitation ;
2° en diriger la marche de préférence dans la direction nord-
sud ou est-ouest, à moins toutefois que la déclivité du terrain ne soit très grande ; en ce cas, la marche des exploitations doit toujours être dirigée de haut en bas ; 3° combiner
le réseau des chemins d'exploitation et lignes d'aménagement
de telle manière que la traite des bois de chaque coupe puisse
se faire en ne passant que le moins possible, ou, s'il se peut,
pes du tout, à travers les coupes précédemment exploitées.

On peut aussi déterminer financièrement le terme d'exploitabilité à adopter, en considérant la forêt comme un capital
placé à intérêts composés. Supposons, différemment de
l'exemple précédent, un bois taillis dont on saurait que
l'hectare moyen peut donner tous les 10 ans 100 fr., tous les
20 ans 400 fr., tous les 30 ans 900 fr. et enfin 1500 fr. à 40
ans : quel est le plus avantageux, d'obtenir 100 fr. tous les
10 ans, ou 400 fr. tous les 20 ans, ou bien d'attendre 30 ans
un revenu de 900 fr., ou encore 40 ans un revenu de 1500 fr. ?
La réponse dépend du taux de placement adopté, et ici nous
laisserons la parole à M Broilliard :

« Là où le taux des placements en forêts est de 4 p. c., le
revenu décennal de 100 fr. correspond au capital 208 francs,
dont l'intérêt annuel est de 8 fr. 32 c.; le revenu à 20 ans,
400 fr., correspond au capital 335 fr., dont l'intérêt annuel
est de 13 fr. 40 c.; le revenu à 30 ans, 900 fr., correspond
au capital 402 fr., dont l'intérêt annuel est de 16 fr. 04 c.;
le revenu à 40 ans, 1500 fr., correspond au capital 394 fr.,
dont l'intérêt annuel est de 15 fr. 76 c. »

Dans le cas considéré et suivant le point de vue adopté, on
voit que l'âge d'exploitabilité le plus avantageux est 30 ans,
de préférence à 10, 20 ou 40 ans. On peut se servir ici de la
formule ordinaire du calcul des intérêts composés :

$$C = R \frac{1}{(1+t)^n - 1}$$

dans laquelle C est le capital représenté par la forêt, R le
revenu périodique, t le taux de placement exprimé en

centièmes, et enfin n le nombre d'années de l'âge d'exploitabilité (1).

Nous ne saurions entrer ici dans tout le détail des opérations connexes à l'aménagement d'un taillis simple : ouverture et fixation des laies sommières et des lignes séparatives de coupes ou layons; plantation de bornes numérotées en tête de chaque layon, pour rendre apparent sur le terrain même l'ordre des coupes ; établissement d'un plan d'exploitation fait de manière à passer graduellement de l'état plus ou moins irrégulier dans lequel on aura reçu la forêt à l'état régulier et normal en vue duquel aura été choisi le mode d'assiette des coupes. Il ne s'agit pas ici, pour nous, de refaire en abrégé le livre que nous avons pris pour guide : ce serait lui rendre un bien mauvais service; nous avons voulu seulement jeter, à la lumière qu'il projette, un regard d'ensemble sur l'art d'être propriétaire de bois. Pour qui aurait intérêt à se bien pénétrer de cet art, le plus sûr et le plus simple serait de s'assimiler la substance même du livre.

III

Les taillis composés ou sous futaie

Ce qui distingue essentiellement un taillis composé d'un taillis simple, c'est l'adjonction d'un certain nombre d'arbres de futaie destinés à croître au dessus du taillis. De là l'appellation synonyme de *taillis sous futaie.*

Ces arbres sont nécessairement de divers âges. Cela résulte de la constitution même de ce mode de peuplement. Supposons qu'un propriétaire quelconque, Etat, commune ou simple particulier, ait, à une certaine époque, boisé un terrain nu de quelque étendue en bonnes essences feuillues ; mettons 60 hectares. Supposons aussi que ces soixante hectares aient

---

(1) On trouve, à la fin de la « septième partie » du livre de M Broilliard, affectée à l'*Estimation des forêts*, un tarif qui donne la valeur de $\dfrac{1}{(1+r)^n - 1}$ pour chacun des intervalles de 1 an, 2 ans, 3 ans, etc., jusqu'à 40 ans (et ensuite de 10 en 10 ans jusqu'à 100, puis 120, 150, 180, 200 ans) et pour chacun des taux de 2, 2 ½, 3, 4 et 5 p. c. A l'aide de ce tarif, on obtient par une simple multiplication le capital capable d'un revenu périodique donné.

été peuplés en 30 ans, à raison de deux hectares par an, et que toutes les plantations aient bien réussi. Notre propriétaire se trouvera par le fait, au bout de 30 ans, en possession d'un taillis simple de soixante hectares, d'âges parfaitement gradués de 1 à 30 ans, et dont il peut commencer l'exploitation normale sur les 2 hectares les premiers semés ou plantés.

Supposons encore que, bien avisé, il réserve soigneusement sur chaque hectare 100 à 150 des plus beaux brins, régulièrement espacés, de manière à répartir le plus également possible leur ombre et leur couvert sur le parterre de la coupe.

Il continue de même pour les coupes suivantes. Ces brins *de l'âge du taillis* mis en réserve pour continuer à croître après l'exploitation du surplus, s'appellent *baliveaux de l'âge* ou plus simplement *baliveaux*.

Au bout de trente nouvelles années, notre propriétaire, ou son héritier ou successeur, se trouvera avoir à mettre en exploitation une coupe de taillis surmonté de plus de cent jeunes arbres à l'hectare, qui, baliveaux il y a 30 ans, sont devenus des *modernes*. Il choisira, parmi ces cent et quelques modernes, les cinquante plus beaux, désignera les autres pour être abattus avec le taillis, mais prélèvera sur celui-ci cent baliveaux de l'âge pour croître en futaie, concurremment avec les cinquante modernes. Et ainsi de suite jusqu'à ce que de nouveau les 60 hectares aient été parcourus par la suite des coupes annuelles. Alors, arrivé à la troisième révolution, on aura, sur chaque hectare exploitable, 50 arbres *de trois âges*, réservés comme modernes à la révolution précédente, et qui sont devenus des *anciens*, plus 100 arbres de deux âges — réduisons-les à 75, pour tenir compte des accidents, délits, bris par les exploitations ou les orages, etc. — réservés comme baliveaux et qui sont devenues des modernes.

Si parmi les 50 anciens à l'hectare on en abandonne quarante à l'exploitation et qu'on en réserve dix pour continuer à croître au-dessus du taillis, et si l'on fait de même pour vingt modernes et une soixantaine de baliveaux, on finira par avoir, au dessus du taillis, une réserve d'arbres de futaie de quatre âges différents.

Et c'est ainsi qu'un taillis composé, à l'état normal, implique une assez grande diversité dans les âges de la futaie qui surmonte le taillis proprement dit (1).

On comprend sans peine que l'assiette et l'estimation des coupes, comme le plan d'exploitation, soient bien autrement compliqués dans un taillis composé que dans un taillis simple. Sans doute les règles générales de l'aménagement ne diffèrent pas sensiblement pour le premier de ce qu'elles sont pour le second. Encore faut-il tenir compte, pour le choix du nombre d'années de la révolution, de la longévité et de l'accroissement de la futaie, suivant les essences dont elle se compose ; car si une partie de la réserve est destinée à être maintenue sur pied, une autre doit être comprise dans le bois à abattre de chaque coupe et entrer pour une part importante, parfois même prépondérante, dans le rendement en matière et en argent.

C'est ici que la connaissance des règles du cubage des arbres commence à trouver son application. Mais faire séparément le cubage de chaque arbre serait un travail bien long, bien fastidieux, entraînant une grande perte de temps et multipliant les chances d'erreur. On évite ces inconvénients en construisant, pour la forêt que l'on a à diriger, un tarif spécial donnant le volume, soit en grume, soit au cinquième

(1) Dans l'administration française des forêts de l'Etat, des communes et hospices, on répartit les arbres de réserve en trois classes seulement : baliveaux, modernes et anciens. Tout au plus désigne-t-on par l'appellation de *Bisanciens* et de *Vieilles écorces*, les arbres ayant atteint ou dépassé quatre fois l'âge du taillis.

Encore ces deux dernières apellations ne figurent-elles guère sur les calepins de balivage ; les arbres qu'elles désignent sont rangés dans une même catégorie avec les anciens proprement dits.

Mais dans certaines gestions de forêts particulières, où les taillis sont exploités très jeunes, à 15 ou 18 ans, par exemple, on use d'une classification plus compliquée.

Après les baliveaux de l'âge, on nomme *sur-taillis* les baliveaux de 2 âges, *meneaux*, les réserves de 3 âges. La qualification de *modernes* n'est donnée qu'à des réserves de 4 âges, ayant alors 60 ou 72 ans. Les réserves de 5 âges sont appelées *cadets* à 75 ou 90 ans, et pour mériter la qualification d'*ancien*, il faut qu'un arbre ait atteint ou dépassé six fois l'âge du taillis.

On ne voit pas trop l'utilité d'aussi minutieuses distinctions qui semblent d'ailleurs ne pouvoir être appliquées que dans des opérations peu nombreuses et de faible étendue.

N'admettre comme *modernes* que des arbres ayant atteint au moins 50 ans d'âge en rangeant parmi les baliveaux tous les sujets d'âge moindre ; n'appliquer la qualification d'*anciens* qu'à ceux qui ont atteint le siècle ou à peu près, ou qui le dépassent, en rangeant dans les modernes tous arbres compris entre 50 et 80 ou 100 ans, paraît être le meilleur mode de classement des futaies sur taillis.

ou au quart, suivant les usages locaux, des arbres classés, dans chaque essence principale, par catégories de grosseur et pour les hauteurs correspondantes. Ce tarif s'établit par expérience, en mesurant soigneusement, après abatage préalable, les dimensions des fûts propres au service de plusieurs arbres dans chaque catégorie de grosseur avec les hauteurs moyennes applicables à chaque catégorie, calculant les volumes pour toutes les longueurs de billes de mètre en mètre ou de deux mètres en deux mètres dans chaque grosseur, et prenant enfin les volumes moyens de chaque longueur rapportée soit aux circonférences de 20 en 20 centimètres à partir de 0^m40, soit, ce qui est préférable, aux diamètres mesurés de 15 en 15 centimètres à partir de 0^m15. Si l'on a la précaution de faire en même temps façonner en stères de bois de feu et fagots ou bourrées l'ensemble des houppiers et branchages des arbres d'expérience, on obtiendra une fois pour toutes le rapport du volume en bois de feu des cimes au volume en bois d'œuvre des tiges ou troncs pour la forêt considérée.

S'il s'agit d'une très grande forêt comprenant plusieurs centaines ou même des milliers d'hectares, comme une bonne gestion exige impérieusement qu'une telle forêt soit divisée en plusieurs séries d'exploitation, aménagées chacune séparément comme une forêt distincte, il sera bon d'établir un tarif spécial pour chaque série.

Au moyen de ce tarif, lorsqu'on aura reconnu et désigné les arbres à abattre dans une coupe donnée, ces arbres étant inscrits sur le calepin d'opération suivant leurs essences, grosseur et longueur, on obtiendra le volume total des bois de chaque catégorie en les totalisant et multipliant le total par le chiffre correspondant du tarif.

Revenons à notre petite forêt de 60 hectares, créée de main d'homme. Si le registre de contrôle et d'exploitation a été constamment tenu à jour depuis le commencement, le propriétaire, à la 3ᵉ ou 4ᵉ révolution, pourra facilement, en y jetant un coup-d'œil, se rendre compte des faits suivants : à mesure que la réserve de futaie se sera constituée au-dessus du taillis, devenant de plus en plus importante jusqu'au moment où elle sera devenue normale, le rendement du *sous-bois*, c'est-à-dire du taillis proprement dit, aura été constamment en décroissant. Il pourra même arriver à ne donner finalement que la moitié à peine de ce qu'il donnait au début. Mais aussi, par compensation, le produit de la portion livrée à l'exploitation des arbres de réserve aura été en augmentant. Or, étant donnée la concurrence de plus en plus redoutable que les combustibles minéraux (houilles, cokes, anthracites, gaz, pétrole même), font à l'antique et gai chauffage au bois, il n'y a aucune témérité à prévoir une dépréciation probablement croissante, en tout cas très sensible, dans la valeur des bois destinés à cet usage : un propriétaire avisé agira donc sagement en mettant sa forêt à même de lui fournir le plus de bois d'œuvre possible, et par conséquent de maintenir une forte proportion de réserves sur ses taillis, en favorisant le plus possible les essences capables de donner principalement des bois de service ou d'industrie. Pour arriver à ce résultat, une longue révolution sera toujours préférable à une révolution de courte durée, et cela pour deux ou trois raisons : la première et la plus importante est que tant s'élève le taillis, tant s'élève le fût des arbres de réserve ; à partir du moment où il a été isolé des brins qui l'entouraient, le *baliveau de l'âge* ne s'accroît plus beaucoup en hauteur, au moins comme tronc, mais son branchage, sa cime se développe en largeur; et ce qu'elle peut gagner dans le sens longitudinal, lorsque l'arbre qui la porte devient successivement moderne, puis ancien et même *bisancien*, ne profite pas dans la même proportion à la longueur du bois propre au service. Si la longueur du fût des arbres dominant un taillis exploité à vingt ans ne dépasse pas une moyenne de 5 à 6 mètres, il n'est pas rare de trouver, au-dessus d'un taillis aménagé de 30 ou 35 ans, des arbres mesurant 8 à 9 mètres de hauteur sous branches.

La seconde raison pour laquelle une longue révolution donnera une plus grande valeur aux brins de taillis eux-mêmes, c'est que des brins de taillis qui, à 18 ou 20 ans, n'auraient fourni que de la *charbonnette* (1), ou tout au plus du petit rondin, de la *menuise* (2), auront acquis, à 30 ou 35

(1) *Charbonnette*, menu bois propre à être converti en charbon.
(2) *Menuise*, le bois de grosseur intermédiaire entre la charbonnette et le bois de corde.

ans, un assez fort diamètre pour servir à une foule d'emplois de petite industrie. Enfin des arbres qui portent haut leur cime écrasent bien moins le sous-bois que des arbres de peu d'élévation. On peut donc plus aisément augmenter le nombre des réserves sur un taillis à longue révolution que sur un taillis qui s'exploite plus jeune (1).

Etant admis le principe qu'un taillis à longue révolution est préférable, au point de vue du rendement, à un taillis à révolution courte, si nous considérons comme révolutions courtes celles de 20 ans et au-dessous, comme longues celles de 25, 30 ou 40 ans, il s'agira de déterminer, pour un taillis composé, comme nous l'avons déjà fait pour un taillis simple, quel sera, entre ces derniers chiffres, celui qui sera tel que, soit qu'on le devance, soit qu'on le dépasse, il y aura diminution de produit ou de revenu.

Une telle appréciation est beaucoup plus compliquée pour un taillis composé, puisqu'il faut tenir compte, moins encore de la production des *cépées* (2) que de celle des arbres de différents âges qui devront tomber lors de l'exploitation de chaque coupe. Il faut alors rechercher la valeur marchande des réserves de chaque âge, et comparer la plus-value que prendra un arbre en passant successivement de l'âge du taillis à la catégorie de moderne, puis à celle d'ancien, de bisancien,

(1) Il importe toutefois de signaler ce fait, que ce qui est excellent en principe et ne saurait être trop recommandé en règle générale, peuvent rencontrer parfois, dans l'application, des obstacles insurmontables.

Ainsi, dans les plaines du Berry et du Bourbonnais, par exemple, il existe une infinité de petits boqueteaux appartenant à des particuliers, et que ceux-ci sont bien contraints, par la force des choses, d'exploiter à un âge peu avancé, sous peine de les voir disparaître. Autant la propriété rurale, dans ce pays, est, paraît-il, encore respectée, autant la propriété boisée, morcelée à l'infini, l'est peu. Dans l'esprit des populations, un bois taillis n'est pas la propriété exclusive de son possesseur, c'est le bien de tout le monde, comme l'eau d'une fontaine publique ou d'un étang ; et là où le bois est rare, chacun va au taillis le plus proche chercher de quoi se chauffer.

Il ne serait pas possible de faire comprendre à ces bonnes gens que le produit forestier du sol doit être respecté chez le voisin au même titre que le produit fourrage ou le produit céréale. Ils vous répondraient, assure-t-on, avec une conviction inébranlable : « Parce qu'on n'est pas propriétaire de bois, ce n'est pas une raison pour ne pas se chauffer en hiver. »

Comment, en de telles conditions, un propriétaire éclairé pourrait-il, si avisé et bien inspiré qu'il fût, porter jusqu'à trente ans l'âge d'exploitation de ses coupes de bois ? Mais à 30 ans, il n'y resterait rien, si, comme il paraît, le gaspillage est dans ce pays une pratique universelle, et par conséquent indéracinable.

Voilà un côté de la question auquel M. Broilliard n'a pas pensé... Mais on ne saurait envisager tous les cas particuliers possibles.

(2) On appelle *cépée* l'ensemble des rejets qui partent du pied ou de la souche d'un arbre ou d'une cépée, après la coupe.

etc., comparer, dis-je, cette plus-value aux intérêts composés
de la valeur actuelle suivant le taux admis dans le pays : on
ajoutera au chiffre fourni par l'intérêt composé la valeur du
recru (en cépées, drageons ou brins de semis), qui se serait
produit à la place de l'arbre si on l'eût coupé au lieu de le
réserver. Pour les détails de cette délicate mais très importante opération, voir le traité de M. Broilliard au chapitre
III de la Troisième partie.

Le partage de la forêt en coupes assises sur le terrain,
fixées au moyen de lignes séparatives dûment essartées et
munies à chaque extrémité de bornes numérotées, se fait pour
un taillis composé d'après les mêmes principes et les mêmes
règles que pour un taillis simple, une fois admis l'âge d'exploitabilité ou de la révolution, lequel détermine le nombre
des coupes à délimiter. Mais le plan d'exploitation doit s'ex-
pliquer sur la quantité des arbres de chaque catégorie à réserver et sur celle des arbres à désigner pour être abattus, lors
du *balivage* de chaque coupe.

Le *balivage* consiste précisément à faire le choix et la désignation des arbres à réserver et de ceux à abandonner à
l'exploitation, dans une coupe devant être prochainement
pratiquée. Ici encore on n'entrera pas dans les détails de
l'opération, dans ceux notamment de la tenue si importante
du calepin, au moyen de laquelle tout ce qui se fait sur le
terrain est noté, enregistré, pour servir au contrôle, au pro-
cès-verbal de cette opération et à l'estimation finale dont les
éléments ont été recueillis sur place ; mieux vaut se reporter
au chapitre II de la précitée Troisième partie. Toutefois quelques réserves s'imposeront sur ce point.

Auparavant indiquons rapidement la manière dont se pré-
pare l'estimation d'une coupe de taillis simple. Supposons
que notre coupe de 2 hectares ait sensiblement la forme d'un
parallélogramme rectangle dont la longueur serait de 200 m.,
et de 100 m. la largeur. On fait établir, dans le sens de la
plus grande dimension et à l'aide de l'équerre ou du panto-
mètre, d'étroites brisées bien parallèles, divisant la coupe
en plusieurs bandes égales ; en les espaçant de 20 mètres, nous
en aurons quatre partageant la coupe en cinq bandes, *ordons*
ou *virées*.

Grâce à ces brisées, l'agent opérateur pourra parcourir cinq fois la coupe, dans le sens de sa longueur, évaluant au juger la quantité de stères de bois de corde, de stères de charbonnette, de fagots et de bourrées que chaque virée pourra produire proportionnellement à l'hectare. Après avoir ainsi estimé séparément toutes les virées, on totalisera chaque nature de produits; divisant ensuite les totaux par le nombre des bandes ou virées parcourues, on aura ainsi le rendement estimatif de l'hectare moyen. Ce parcours de la coupe d'un bout à l'autre en allant et revenant à plusieurs reprises n'est nécessaire, *dans les taillis simples*, que quand le peuplement est irrégulier, soit comme végétation, soit comme composition des essences, afin de pouvoir se rendre compte des nuances dudit peuplement et, par suite, de son rendement. Pour une coupe de peu d'étendue, comme dans l'hypothèse, si l'on avait la certitude d'une parfaite homogénéité du peuplement, il suffirait de traverser la coupe une fois d'un bout à l'autre en diagonale.

Mais, avant toute chose, il faut avoir le coup d'œil nécessaire pour pouvoir, à la vue d'un taillis, se rendre compte de la quantité des diverses natures de marchandises qu'il peut produire à l'hectare. L'expérience requise s'acquiert principalement en dénombrant les produits obtenus par des coupes en exploitation de même âge et de même consistance que des taillis encore sur pied, et visitant ces derniers en ayant constamment présents à l'esprit les chiffres révélés par le dénombrement : il s'établit ainsi, peu à peu, dans le cerveau, une association d'images entre chaque état de peuplement et le rendement correspondant. On peut aussi choisir, en différentes parcelles, des places d'essai d'un are de superficie, par exemple, les faire exploiter, et mesurer ensuite minutieusement ce que chacune aura donné en différentes natures de produits, puis comparer ce rendement à l'aspect des bois environnants.

Quand on a affaire à un taillis composé, le partage de la coupe en ordons ou virées parallèles est nécessaire surtout en raison du choix des arbres à réserver et de ceux qui doivent être abandonnés à l'exploitation. Ce n'est que par ce moyen que l'on peut mettre de l'ordre dans le balivage, opérer en sachant ce que l'on fait et éviter les erreurs de désignation. M. Broilliard veut que la double opération du balivage et de l'estimation du taillis se fasse en deux fois, que l'on procède d'abord au balivage sans s'occuper de l'estimation du taillis, et que l'on parcoure une seconde fois la coupe, après le balivage terminé, pour évaluer séparément le rendement des cépées. Or, le plus souvent l'opération se fait en une seule fois ; on examine le taillis tout en choisissant les arbres à réserver, et notant sur le calepin les arbres à abandonner suivant les essences et les grosseurs. C'est là ce que n'admet pas notre auteur.

« Nous ne saurions, dit-il, trop insister sur ce point, le procédé contraire étant généralement en usage. On croit aller *vite et bien* ; on opère en réalité *vite et mal*. Tous les forestiers qui font d'excellents balivages opèrent lentement. »

En principe et théoriquement, tout cela est parfaitement exact, et ce sont là de très sages prescriptions. Dans les services bien groupés, point trop chargés, où l'on n'a, chaque année, qu'à procéder à un petit nombre de coupes de moyenne étendue et peu éloignées de la résidence, on ne saurait trop recommander de se conformer à une pratique aussi rationnelle et aussi excellente. A plus forte raison un propriétaire foncier qui dirige lui-même le traitement des bois qu'il détient sur ses terres, a-t-il tout avantage à ne procéder que successivement au balivage de ses coupes et à l'estimation du taillis.

Mais, dans un grand service public, quand les agents opérateurs ont à baliver et estimer, pour une saison, cent ou cent cinquante coupes de toutes contenances et disséminées sur des espaces considérables ; quand surtout, ce qui arrive souvent, le temps nécessaire pour se rendre d'une coupe à une autre est beaucoup plus long que l'opération elle-même, comment exiger de ces malheureux agents qu'ils reviennent deux fois sur chaque coupe pour la même opération ? Il y a là, pratiquement, une grosse objection que ne renversent pas les considétions, si péremptoires soient-elles, invoquées à l'appui d'une telle pratique. En pareille occurrence, ouvrons des brisées plus rapprochées pour avoir des virées moins larges, ne balivons jamais avec plus de trois marteaux, afin que rien ne nous échappe des détails de l'opération, faisons tenir le calepin par un brigadier ou garde-chef exercé, afin de pouvoir appliquer toute notre attention à la direction de l'opération. Mais, procédons à l'estimation en même temps qu'au balivage, plutôt que de nous exposer, en voulant faire deux campagnes d'opérations au lieu d'une, à assumer une besogne au dessus de nos forces (1).

Sous cette réserve, qui n'est pas sans quelque importance, on ne peut que partager et appuyer l'excellent conseil que donne l'habile forestier, qui a écrit *Le Traitement des bois.*

Le choix et le nombre des arbres destinés à croître en futaie doivent être indiqués d'avance, au moins dans certaines limites, par le plan d'exploitation, comme on l'a dit plus haut. Ce choix variera nécessairement, non seulement avec les âges d'exploitation ou de révolution, mais aussi avec la qualité, la nature et le degré de fertilité du sol, comme aussi avec la composition des essences qui, d'ailleurs, dépend toujours plus ou moins de celle du sol. Si l'on est en présence d'un bois composé d'essences mélangées où figurent cependant, mais sans y dominer, les essences précieuses comme les chênes rouvre et pédonculé, le balivage devra être dirigé de manière à favoriser le développement des deux dernières pour qu'elles puissent devenir essences *dominantes* : je dis « dominantes » et non pas « exclusives ». En général, et sauf quelques rares exceptions, un peuplement composé d'une essence à l'état pur réussit moins bien que mélangé, au moins dans une certaine proportion, avec diverses autres essences. Mais le fait est surtout marqué pour le chêne, notamment pour le chêne rouvre : la cime irrégulière, le couvert incomplet de cet arbre ne protègent pas suffisamment le sol contre l'insolation ; par suite les vides se forment, puis s'éten-

---

(1) Je dois dire que, ayant eu l'occasion, depuis que ces lignes sont écrites, de soumettre mon objection à l'éminent auteur du *Traitement des bois*, j'en ai reçu la réponse suivante :

« En ce qui concerne l'estimation des coupes, distincte du balivage, il faut vous dire
» que cette opération se fait immédiatement après la première, ce qui n'oblige pas
» à revenir. A Nancy, où nous procédions toujours ainsi, nous mettions, en
» moyenne, par hectare, trente minutes pour le balivage, puis cinq pour l'estima-
» tion. Nous avions six gardes dont trois appelaient les arbres à abandonner, pen-
» dant que les trois autres mesuraient au bastringue (compas forestier) les arbres
» les plus gros. — Au début, j'avais aussi protesté ; mais, en pratiquant, j'ai bien
» vite vu que c'est excellent. »

dent peu à peu. Sans doute le mélange du pédonculé ou rouvre atténue ce danger, mais il ne l'élimine pas complètement. D'un autre côté, certaines essences éminemment protectrices et enrichissantes pour le sol, sont aussi plus ou moins envahissantes, comme le charme, ou d'une croissance relativement rapide pendant les premières années, comme le hêtre. Si bien que, mélangées au chêne, même dans une faible proportion, elles finiraient par le supplanter au bout d'un petit nombre de révolutions, si le forestier n'exerçait une action vigilante pour maintenir les essences subordonnées dans leur rôle d'auxiliaires.

C'est par des nettoiements circonspects pour dégager les jeunes brins d'avenir en essences précieuses, par un choix judicieux des arbres de réserve, qu'on arrivera au résultat voulu. Ce choix et ces nettoiements devront être prévus par le plan d'exploitation, mais avec une élasticité suffisante pour que, lors de l'application, les agents d'exécution puissent s'inspirer avant tout des circonstances locales et des conditions de la végétation qu'il n'est pas toujours possible de prévoir trente ans ou même vingt-cinq ans d'avance. Bien mieux, ce plan devra être, à l'expiration de chaque révolution, l'objet d'une revision minutieuse; car si l'homme peut diriger la nature, il ne la domine jamais entièrement, et souvent elle se joue de ses efforts les mieux combinés et de ses prévisions les plus plausibles.

Il peut arriver qu'on se trouve en présence d'un taillis exclusivement composé de chêne rouvre. C'est là un état fâcheux auquel il faut se hâter de porter remède; car peu d'années après la coupe le recru devient languissant, les baliveaux s'étiolent ou meurent en cime, les grosses réserves s'étalent démesurément en branches latérales, même en gourmands et parfois se couronnent; la jeune forêt marche à sa ruine. Il est important, en pareil cas, d'introduire d'autres essences en mélange,

De tels peuplements se montrent ordinairement sur des terrains secs dont ne peut s'accommoder le chêne pédonculé; c'est donc à des essences de tempérament sobre qu'il faut avoir recours. On obtiendrait un résultat non moins satisfaisant, mais en un temps plus long, en augmentant sensiblement la durée de la révolution : un taillis de 20 ans serait avantageusement porté à 35 ou même à 40 ans. Le sol plus longtemps couvert s'améliore lentement, recevant une plus forte proportion d'humus par la décomposition de détritus plus abondants, et acquérant de là quelque fraîcheur qui le rend apte à porter d'autres essences.

En tout cas l'essence à introduire en mélange dans un taillis de chêne qui tend à se dépeupler, c'est avant tout le coudrier. Après avoir cité de nombreux exemples à l'appui de cette indication, M. Broilliard comparant, poétiquement le chêne à Phyllis (laquelle était peut-être bien une *dryade* ou nymphe des chênes. Δρῦς : chêne), lui applique le dystique de Corydon à sa bergère :

> *Quercus* amat corylos. Illas dum *quercus* amabit
> Nec myrtus vincit corylos, nec laurea Phœbi (1)

Il faut dire quelques mots aussi des taillis de hêtre. Le hêtre ne rejette pas aussi facilement du pied que les autres essences feuillues. et, particulièrement que le chêne, et sa souche s'use assez vite. Il compense cette infériorité, au point de vue du taillis, par certains avantages. Il n'éprouve pas, comme le chêne, le besoin d'un certain isolement relatif pour prendre de belles dimensions ; il aime même l'état de massif serré ; si, comme le chêne, il donne rarement sa graine, du moins la donne-t-il abondamment quand il la donne ; elle germe sous son couvert et la jeune tige se contente, bien plus facilement que le chêneau naissant, d'un jour mitigé par un ombrage plus ou moins atténué. D'autre part, la valeur en argent du bois de hêtre ne croît pas ou ne croît que très peu avec le diamètre des arbres ; et, venus sur taillis. ils commencent à dépérir vers l'âge de 100 ans.

Les conséquences qui résultent de là sont que l'on peut avantageusement serrer le balivage un peu plus dans un taillis de hêtre que dans un taillis de chêne, en ayant soin de ne pas laisser les arbres de futaie dépasser les environs de cent ans. Il va de soi que si, ce qui arrive souvent, quelques chênes se trouvent disséminés parmi les hêtres, il faut réser-

(1) Virgile, Eglogue VII.

ver avec soin tous ceux qui sont bien venants et de bonne conformation, en les dégageant, c'est-à-dire en ne réservant rien à trop grande proximité d'eux. Et si, parmi eux, se rencontrent des anciens, on ne courra généralement nul risque à les laisser atteindre ou même dépasser les âges de 120, 150 ans ou plus, suivant l'état de leur végétation.

On rencontre parfois des bois de hêtre où cette essence semble en retrait, et où sont en voie de se substituer à elle des *morts-bois* et broussailles, comme cornouilliers, bourdaine, fusain, prunellier, épine blanche, etc. Cela provient généralement d'exploitations à intervalles trop rapprochés. Pour ramener le hêtre, le mieux est de le réserver le plus abondamment possible au balivage, avec les autres bonnes essences qui se rencontreraient avec lui au-dessus des inférieures, et, cela fait, de retarder l'exploitation à venir d'un nombre suffisant d'années pour que les arbres réservés aient pu, d'une part, atténuer par leur propre développement celui des broussailles, et de l'autre répandre sur le sol leur graine qui contribuera efficacement à la reconstitution d'un peuplement normal et satisfaisant.

Quelque chose d'analogue, bien que non identique, peut se rencontrer dans les massifs boisés qui se sont reconstitués d'eux-mêmes. Il arrive encore assez fréquemment que, soit dans les propriétés particulières, soit dans des friches communales, certaines parties jadis abandonnées au parcours du bétail, ont été, soit mises *en défends*, c'est-à-dire interdites au pâturage, soit délaissées par les pâtres qui, pour une cause quelconque, ont cessé d'y conduire leurs troupeaux. Par ce seul fait que le bétail ne les broute plus, de tels terrains ne tardent pas, en général, à se reboiser naturellement.

Les graines d'arbres que le vent y apporte ou que les oiseaux y laissent tomber, germent dans ce sol en repos qui bientôt se trouve garni de morts bois et de bois blancs. Laissez-les prendre possession du sol et se développer à leur guise jusqu'à 25 ou 30 ans. Parcourez alors les massifs ainsi formés, vous y trouverez bien par-ci par-là quelques charmes, quelques hêtres, quelques bouleaux qui vous fourniront les éléments d'un balivage à peu près suffisant. Peut-être même serez-vous agréablement surpris de rencontrer quelques brins de chêne,trop faibles encore pour être marqués en réserve,mais qui, récépés avec le surplus du taillis, fourniront par leur souche des rejets vigoureux pour le balivage de la prochaine révolution.

Dans l'intervalle des 25 ou 30 ans qui sépareront la première exploitation de la suivante, les baliveaux réservés auront, peu à peu par leur couvert grandissant, diminué l'expansion des broussailles et préparé le sol à recevoir utilement leurs graines, au moins celles des bouleaux et des charmes qui fructifient de très bonne heure, ou celles des hêtres et des chênes adultes du voisinage qu'auront pu y apporter dans leur bec les pies, les geais et les corbeaux.

On trouvera alors, à cette seconde coupe d'un massif qui était, 50 ou 60 ans auparavant, une simple friche, tous les brins nécessaires pour faire un excellent choix de baliveaux de l'âge, avec une réserve convenable de modernes; et le taillis composé se trouvera constitué au moins comme début (1).

Il y aurait encore, à l'occasion des arbres laissés sur pied pour croître à l'état relativement isolé après la coupe des taillis, des choses fort intéressantes à dire sur la culture, la croissance, l'exploitation et l'estimation des arbres forestiers qu'on laisse ou qu'on fait croître isolément dans la campagne ou dans les parcs, sur les hauteurs ou sur les bords des ruisseaux et des rivières.

Il serait fort utile d'indiquer la manière de tirer un légitime produit des arbres d'émonde, ou encore de ceux qu'on exploite en têtards comme certaines espèces de saules, tout en les traitant, sinon *humainement*, ce qui serait beaucoup dire pour de simples plantes, du moins suivant les règles d'une saine hygiène végétale, et sans leur faire subir les mutilations brutales, ineptes, grotesques, dont un trop grand nombre, disposés pour croître isolément, donnent le lamentable exemple.

Mais je n'écris pas ici un traité. Mon but, comme il a été

---

(1) Voir, dans l'ouvrage de M. Broilliard, pp. 207 à 211, de nombreux exemples à l'appui d'assertions de ce genre.

dit au commencement, est d'indiquer les grandes lignes de l'art d'être propriétaire de bois, en suivant la marche indiquée par un des maîtres de la sylviculture, dans le savant et attrayant traité que j'ai pris pour guide en la circonstance.

Je renvoie donc purement et simplement à son chapitre sur l'*Education des arbres isolés*, ayant hâte de passer à l'étude des bois traités en massif de *futaie pleine*.

IV

Futaies feuillues. — La possibilité par contenance opposée à la possibilité par volume.

Nous savons, par ce qui a été dit au commencement de ces pages, qu'un bois ou massif de forêt traité en futaie se distingue essentiellement d'un taillis en ce qu'il se regénère par les graines tombées des arbres non encore abattus, alors que le taillis simple se regénère exclusivement, et le taillis composé très principalement, par les rejets des souches et les drageons des racines. Pour éviter toute confusion entre la futaie d'un taillis composé et la futaie proprement dite, on dit généralement d'une forêt de futaie pure qu'elle est traitée en *futaie pleine*.

Il suit de ces définitions qu'un massif de futaie pleine peut présenter successivement des états très différents et qui ne se ressemblent guère.

Voici, dans une forêt ainsi traitée, une parcelle où l'on a abattu et enlevé les derniers vieux arbres qui y étaient restés après le réensemencement naturel du sol. Celui-ci, complétement repeuplé, est couvert de jeunes brins pressés les uns contre les autres, branchus dès la base et dont les plus élancés n'atteignent guère plus de 1^{m}60 à 1^{m}80 de hauteur.

Le passant qui verrait ce peuplement ne se douterait guère qu'il a sous les yeux un bois de futaie. En réalité ce n'est une futaie qu'en *puissance*, comme diraient les scolastiques, ou *à l'état potentiel* pour parler comme les savants qui professent la mécanique. On dirait plus familièrement une futaie *en herbe*. C'est ce que, à proprement parler, on appelle un *fourré* (1).

Plus loin, dans une partie plus vieille, ou, plus exactement, moins jeune de quelques années, le fourré s'est développé, les tiges ont perdu leurs branches basses, ont gagné en hauteur, et, chaque année, autant de bourgeons et de feuilles se forment à la partie supérieure des cimes, autant il en disparait au-dessous. Ces jeunes tiges sont à l'état de *gaules* flexibles ; nous sommes en présence d'un *gaulis*.

Allons plus loin. Un nouveau peuplement s'offre à nos regards : ici les tiges ont encore grandi, mais surtout grossi ; ce ne sont plus que *perches* dont aucune n'a moins d'un bon décimètre de diamètre, soit plus de 0^m30 de circonférence. Plusieurs dépassent cette grosseur et s'élèvent en hauteur au-dessus de leurs voisines. Tout cet ensemble constitue un peuplement à l'état de *perchis*.

Continuons notre exploration, et arrêtons-nous devant une nouvelle nuance de peuplement où les perches qui avaient dépassé les autres sont devenues de véritables arbres, mesurant au moins deux décimètres de diamètre et dominant leur entourage, en étalant leurs branches supérieures au-dessus de la cime des autres tiges, restées, elles, plus ou moins faibles et étiolées. Ces arbres qui, ayant pris le dessus, dominent et commencent à étouffer leurs compagnons, composent un *haut perchis* ou *demi-futaie* ; et leur dessous, le *bas perchis*, sera utilement enlevé par une coupe d'*éclaircie*. Faute de cette opportune intervention du forestier, ce sous-bois périrait peu à peu sous le couvert qui le domine. Enlevé à propos il donnera un certain produit.

Mais, déjà bien des branches basses, bien des gaulettes même ont péri et sont tombées à terre ; elles ont disparu sous la couche de feuilles mortes que chaque automne a apportées au sol, l'enrichissant par l'humus qu'elles lui fournissent en se décomposant.

Ces états successifs ne correspondent pas, dans un même

(1) Autrefois on appelait *brosse* ou *brousse* un peuplement composé exclusivement de très jeunes brins branchus dès la base et entrecroisés, un *fourré* autrement dit. De là sans doute notre expression de *broussailles*. (Conf. *Le traitement des bois*, p. 238.)

peuplement, à des temps égaux. L'état de gaulis dure plus longtemps que le fourré; celui de perchis a plus de durée que le gaulis, et la demi-futaie emploie plus d'années pour se constituer qu'elle n'en avait mis pour passer du gaulis au perchis.

De nouvelles années s'ajoutant aux précédentes, les arbres, continuant à s'élever, entrent dans le fameux *struggle for life*, les plus forts étouffant sans pitié ceux qui sont moins bien doués, à moins que, par les soins vigilants du forestier, ces condamnés du sort ne soient abattus et enlevés, au moment *physiologique* où, devenant une gêne pour leurs voisins, ils commenceraient une lutte fatalement aussi dommageable aux vainqueurs que funeste aux vaincus.

Enfin, arrive un moment où les arbres survivants, de moins en moins nombreux, mais plus longs de fût, plus forts de diamètre, plus amples de cime, étalant leurs grosses branches à une grande hauteur au-dessus du sol, sont parvenus à l'état de *haute futaie*.

Pour être *haute*, elle ne cesse pas d'être *pleine*; car si les éclaircies successives ont été opportunément et judicieusement pratiquées, ces grands et gros arbres, bien que largement espacés, se toucheront par les bords de leurs cimes et n'en constitueront pas moins un massif ininterrompu. Est-ce à dire qu'ils seront par là même arrivés au terme de leur exploitabilité? Pas toujours. Il peut se faire qu'ils aient encore plusieurs années de bonne croissance pendant lesquelles ils profiteront davantage, c'est-à-dire que leur accroissement en volume sera plus considérable que ne serait celui de la jeunesse qui les remplacerait si on les exploitait immédiatement.

Il y aura alors profit à n'asseoir en ce point les coupes principales ou coupes de régénération, que lorsque nos arbres seront parvenus à l'état de *vieille futaie*.

Après avoir ainsi décrit l'état dés peuplements de différents âges dans une forêt de futaie pleine supposée parfaitement normale et régulière, il ne sera pas inutile de dire quelques mots des effets physiologiques et culturaux de l'état de massif plus ou moins serré dans lequel nous avons vu les peuplements de différents âges.

Dans la jeunesse, l'état très serré du fourré, du gaulis ou même du perchis, a pour effet de préparer puis de réaliser ce qu'on peut appeler *l'élagage naturel* des tiges destinées à former les arbres d'avenir. Par un phénomène bizarre et encore insuffisamment expliqué, mais dûment constaté par les travaux et les minutieuses observations de forestiers physiologistes comme MM. Émile Mer et d'Arbois de Jubainville, la chute des branches latérales tombées naturellement après dessèchement, par manque d'air et de lumière, dans l'état de massif serré, ne laisse sur la tige aucune des tares plus ou moins étendues que produit le plus souvent l'élagage effectué de main d'homme, si habilement qu'il ait été pratiqué, si nette et lisse que soit la plaie faite par l'ablation de la branche.

C'est donc grâce à l'état serré que les tiges se dépouillent peu à peu de la ramure qui les constituait à l'origine à l'état d'arbrisseaux et qu'elles forment à la longue des troncs droits, à écorce nette et même parfaitement lisse, au moins pendant les vingt ou trente premières années.

D'autre part, il arrive un moment où le gaulis, ou, plus tard, le perchis, puis la jeune futaie elle-même, ayant suffisamment bénéficié de l'état serré relativement à leurs âges respectifs, souffriraient de le subir trop longtemps. Les brins ou sujets les plus faibles finiraient par être étouffés, mais après avoir contrarié la croissance de leurs vainqueurs qui auraient pris un trop grand développement en hauteur relativement à leur diamètre. De plus, quand il s'agit de peuplements ayant déjà acquis une certaine croissance, les sujets qu'on aurait ainsi laissé périr et sécher sur pied, auraient fourni, enlevés à temps, des produits utiles et de valeur. Il est donc à propos d'aider la nature par des *coupes d'éclaircie* pratiquées au moment opportun.

Voici un aperçu de la manière dont ont été compris et généralement pratiqués jusqu'ici les aménagements de forêts traitées en futaie plaine.

Supposons une petite forêt de 200 hectares dont les différents cantons, les différentes parcelles, seraient disposés de telle façon que l'on aurait, dans un canton un groupe de parcelles comprenant les dernières coupes de vieux arbres au-dessus de semis naturels abondants et complets, jusqu'à des gaulis et bas perchis de 20 à 30 ans ; sur un autre point des peuplements de fort perchis de 30 à 60 ans ; plus loin de jeunes futaies de 60 à 120 ; et enfin, en un groupe d'autres parcelles, des arbres allant de 120 à 160 ou 180 ans, par exemple.

Nous admettons en même temps que le peuplement de cette forêt comprend, supposons, 7/10es de chênes rouvre et pédonculé, 2/10e de hêtre, 1/10e de charme et essences diverses, et qu'il a été reconnu, d'après la nature du sol et les conditions de végétation et d'accroissement, que l'âge de 150 ans est le meilleur âge d'exploitabilité à adopter.

Pour aménager cette forêt on partagera la révolution de 150 ans en cinq périodes de 30 ans chacune, par exemple, et l'on affectera à la première les bois les plus âgés, ayant, d'après ce qui vient d'être dit, de 130 à 160 ou 180 ans. C'est dans cette première *affectation* que devront être assises tout d'abord les coupes principales dont nous parlerons tout à l'heure.

En admettant que la gradation des âges de la forêt corresponde à des surfaces différant peu les unes des autres, il sera tout naturel de diviser nos 200 hectares en cinq affectations de 40 hectares chacune dont on assurera les limites par des indications fixes, comme fossés, bornes, laies sommières.

Ayant au préalable déterminé, par des comptages d'arbres et par des expériences sur un nombre suffisant de pieds-types abattus et débités à cet effet, le matériel debout et l'accroissement annuel, on en déduit la *possibilité* de la forêt, c'est-à-dire le nombre de mètres cubes de bois d'œuvre et de stères de bois de feu qu'on peut en tirer, bon an mal an, sans entamer le capital, tant par les coupes principales que par les éclaircies.

Le mode d'assiette des coupes principales varie selon les essences. Le chêne demande peu d'abri et beaucoup de lumière dès sa sortie de terre. En attaquant la première affectation, on devra donc commencer par une coupe d'*ensemencement* qui enlèvera non seulement toute la végétation inférieure, tout le sous-bois, mais encore les arbres les plus vieux, les plus voisins de l'âge du retour, en laissant, entre les arbres provisoirement maintenus, un espacement suffisant pour permettre à la lumière du soleil d'arriver jusqu'au sol, avec quelque atténuation cependant. Les coupes d'ensemencement seront suivies, au bout de quelques années, quand le sol découvert sera complètement réensemencé, de coupes *secondaires* qui, enlevant la plus grande partie des arbres réservés, répandront la lumière et l'air à flots sur le jeune fourré ; et enfin, ce jeune fourré devenu suffisamment robuste et pouvant se passer de tout abri, on enlèvera les derniers arbres de vieille futaie : ce sera la coupe *définitive*.

Autant que possible, la première affectation devra être parcourue par les coupes de régénération dans la première période de trente ans. Mais en même temps les autres affectations auront été également parcourues par les éclaircies dont nous avons parlé. Comme le volume de celles-ci a généralement moins d'importance que celui des coupes principales, et qu'il a d'ailleurs un rapport plus constant avec les surfaces, surtout dans les peuplements encore jeunes, on les asseoit par contenances, au moins dans ces derniers. Si l'on estime que telle affectation doit être éclaircie en dix années, par exemple, et trois fois dans la période, on y asseoira chaque année une coupe de quatre hectares. Si cette autre doit être parcourue deux fois par les éclaircies, ce seront deux fois 15 coupes de 2 h. 66 qui devront y être assises.

Aux approches de l'expiration de la première période, il sera bon de *réviser la possibilité* de la forêt par de nouveaux comptages et de nouvelles mensurations d'arbres d'expérience, et ainsi de suite avant le début de chaque nouvelle période ; car il est humainement impossible de prévoir à coup sûr le rendement annuel d'une forêt pendant cent cinquante ans, alors surtout que les limites les plus reculées de la vie humaine sont si fort au-dessous d'une telle durée. Que ne peut-il se passer en un siècle et demi dans les conditions et circonstances climatériques, météorologiques, physiologiques et, jusqu'à un certain point même, géologiques, lesquelles toutes ont une part d'influence sur la végétation, sans parler des fluctuations économiques et commerciales dont on est bien forcé aussi de tenir compte ?

Telles sont les données très générales d'après lesquelles se règle habituellement le traitement des bois feuillus en futaie pleine. Les détails d'application varient du reste avec les essences. Si au lieu d'avoir affaire à une forêt où domine le chêne, il s'agissait d'une forêt de hêtre, je suppose, alors la coupe d'ensemencement devrait être *sombre*, ce qui signifie, contrairement à l'opinion vulgaire, qu'elle doit *porter sur très peu d'arbres*, afin que le massif laissé sur pied soit encore suffisamment sombre, après la coupe, pour donner un ombrage abondant aux jeunes semis qui le réclament impérieusement. Les éclaircies elles-mêmes, dans une forêt de hêtre, devront être moins claires, bien que plus fréquentes que dans une futaie de chêne ; seulement quand on rencontrerait accidentellement quelque beau brin de cette dernière essence qui se serait glissé parmi les hêtres, il faudrait sacrifier beaucoup de tiges de hêtre autour de lui pour que, n'étant pas gêné par ses voisins, il puisse prendre son essor ; car *Quercus* est toujours plus précieux que *Fagus*.

Mais, cette manière de procéder en exploitant les coupes principales par volume, n'est pas celle que conseille M. Broilliard. Il admet bien le système du *réensemencement naturel et des éclaircies*, mais il veut que *toutes* les coupes se fassent par contenance.

Comme exemple il prend aussi une forêt de 200 hectares, mais dont l'exploitabilité serait fixée à 120 ans.

Sur ces 200 hectares, il y en aurait 60 actuellement exploitables, et les 140 hectares restants seraient couverts de perchis de 30 à 50 ans. Il conseille de partager les 200 hectares en 120 coupes, ayant 1 h. 66 a. d'étendue en moyenne. On commencerait naturellement les exploitations par les parcelles les plus âgées ; il suppose que la régénération se ferait en quatre coupes principales : une coupe d'ensemencement, deux coupes secondaires, et, la quatrième, définitive.

Attaquant la première parcelle en 1894, la seconde en 1895, la troisième en 1896 et ainsi de suite, on reviendrait sur la première tous les 5 ans, en 1899, 1904 et 1909, sur la seconde en 1900, 1905, 1910, et toujours de même. D'après cette marche, la dernière parcelle des 60 hectares, la coupe n° 36, serait attaquée en 1929 sur des arbres de 152 ans, et serait entièrement régénérée en 1944 par l'enlèvement des dernières vieilles futaies, âgées de 170 ans.

Mais, en même temps qu'une coupe d'ensemencement serait assise sur la parcelle n° 1 en 1894, on pratiquerait l'éclaircie des coupes n°ˢ 37 à 44, d'une étendue de 13 h 33 a.; la coupe d'ensemencement de la parcelle n° 2, en 1895, serait simultanée avec l'éclaircie des parcelles n°ˢ 45 à 52, comprenant également 13 h. 33 a. environ. Et ainsi de suite jusqu'en 1903 où se ferait l'éclaircie des coupes n°ˢ 112 à 120, en même temps que la coupe d'ensemencement de la parcelle n° 10, et que la première coupe secondaire de la parcelle n° 5.

En 1904, on reviendrait aux parcelles n°ˢ 37 à 44, éclaircies dix ans auparavant, pour leur faire subir une seconde coupe d'éclaircie, simultanément avec l'exploitation d'ensemencement de la parcelle n° 11, la première coupe secondaire de la parcelle n° 6 et la deuxième coupe secondaire de la parcelle n° 1 (1).

En résumé, tandis que de 1894 à 1914, c'est-à-dire en l'espace de cinquante ans, s'effectueraient les coupes principales ou de régénération des 60 hectares les plus âgés, les 140 plus jeunes seraient éclaircis de dix ans en dix ans, par groupes successifs de huit parcelles égales, formant chacun une étendue de 13 hectares et un tiers. On serait ainsi amené, comme on vient de le voir, à exploiter les derniers vieux arbres aux âges de 155 à 170 ans, ce qui n'a rien d'excessif pour des essences longévives. En même temps, les 140 hectares âgés de 30 à 50 ans en 1894, auront alors, quant aux arbres respectés par les éclaircies successives, de 80 à 100 ans.

Ainsi, nous serons, en 1962, en présence, d'une part d'une jeunesse d'âges régulièrement gradués de 2 à 51 ans sur

(1) On se rendrait plus aisément compte de cette marche des exploitations en construisant un tableau facile à établir de la manière suivante :

Sur une première colonne verticale, on inscrirait d'abord les uns au-dessous des autres les n°ˢ 1 à 36. En regard de ces numéros, et sur quatre colonnes, les années affectées à chacune des quatre coupes principales, soit pour la parcelle n° 1 : 1894 — 1899 — 1904 — 1909. Et ainsi de suite jusqu'au n° 36, auquel correspondent les années 1929, 1934, 1939, 1944.

Au-dessous du n° 36 et toujours dans la première colonne, on inscrirait successivement : 37 à 44, — 45 à 52, etc., jusqu'à 112 à 120. En regard de chacun de ces groupes de numéros, on inscrirait les années affectées à l'éclaircie du groupe.

Exemple :   37 à 44   1894   1904   1914   ....
               45 à 52   1895   1905   1915   ....

60 hectares, et, d'autre part, d'une futaie de 81 à 101 ans s'étendant sur 140 hectares, mais tout cela partagé sur le terrain en parcelles régulières de 1 h. 66 a. à 1 h. 67 a. en moyenne, au nombre de 120 pour toute la forêt.

Pour plus de commodité dans notre exposé, supposons que les deux âges de 80 et de 100 ans se répartissent exactement par surfaces égales. Les parcelles ou coupes nᵒˢ 37 à 78 ne portant que des arbres de 100 ans, et les nᵒˢ 79 à 120 des arbres de 80 ans.

Nous aurons — c'est-à-dire nos neveux auront — à commencer les coupes principales sur des arbres n'ayant pas encore atteint l'âge d'exploitabilité. Mais si, en 1945, la coupe d'ensemencement du nᵒ 37 n'a que 101 ans, en 1946, le nᵒ 38 aura 102 ans, et quand ils arriveront, en 1986, au nᵒ 78, ils trouveront des arbres de 122 ans. L'année suivante, en 1987, ils s'attaqueront aux parcelles qui avaient toutes 80 ans en 1944, et auront alors 123 ans. En sorte que les forestiers du XXIᵉ siècle se trouveront, en 2014, avoir à asseoir leurs coupes de régénération dans une parcelle nᵒ 120 âgée de 150 ans.

Ce n'est qu'à la troisième révolution que les arbres contemporains de nos arrière-neveux entreront d'une manière normale dans l'âge d'exploitabilité adopté.

Il ne faut pas perdre de vue d'ailleurs que la donnée d'où nous sommes partis consistait en une forêt dont les âges n'étaient pas régulièrement gradués, et qu'il s'agissait d'arriver peu à peu à cette régularité. Or, quand on s'occupe de forêts et surtout de forêts d'essences longévives traitées en futaie, c'est par siècles qu'on est obligé de compter.

On établit ainsi sur le papier, après de longues et minutieuses opérations sur le terrain, un bel aménagement, un magnifique plan d'exploitation dont le plein effet, la parfaite régularité visée, ne seront obtenus que dans 240 ou 300 ans!

Allez-y voir.

Il est présumable qu'à l'expiration de la première période, peut-être auparavant, les forestiers qui arriveront là, trouveront que ce qui a été fait par leurs prédécesseurs n'est pas ce qu'il aurait fallu. Ils estimeront la révolution adoptée trop courte ou trop longue, la marche des coupes mal réglementée, et ils dresseront un nouveau projet qu'une troisième génération, à son tour, voudra améliorer, c'est-à-dire changer... *E sempre bene!*

C'est là un inconvénient inhérent à la disproportion qui existe entre la longévité des arbres et celle de notre pauvre humanité. Il est à croire que les premiers patriarches, s'ils eussent été forestiers, auraient eu des vues d'ensemble, sur le traitement scientifique des forêts, beaucoup mieux suivies que les nôtres. Mais il y a beau temps que Mathusalem est mort.

D'ailleurs, indépendamment des divergences de vues inévitables entre les hommes, il faut tenir compte, comme on l'a fait remarquer plus haut, des changements qui, par des suites de siècles, peuvent survenir dans les choses de la nature.

Malgré tout, un plan d'exploitation bien étudié, établi à la suite d'une observation approfondie et d'expériences multipliées concernant la forêt à gérer, devra toujours être, pour nos successeurs, et descendants une base solide, un guide précieux. Si la différence des temps oblige à en modifier les dispositions, les lignes essentielles devront en être généralement respectées. Ce sera comme un canevas à fortes mailles dont la broderie pourra être changée de temps à autre, mais dont le réseau sera de force à subsister pendant des siècles.

Sans entrer dans le détail des règles spéciales à suivre, suivant qu'il s'agit de futaies de chêne, de futaies de hêtres ou d'essences feuillues mélangées, ou bien encore de forêts de chêne-liège, pour lesquelles il est préférable de se reporter au livre de M. Broilliard, il convient d'indiquer ici les motifs pour lesquels le savant praticien préfère, même pour les coupes principales en haute futaie, la possibilité par contenance à la possibilité par volume.

On a vu que, dans son système, il n'est plus question de *périodes* de temps et d'*affectations* d'étendues se rapportant à ces périodes. Tout se borne à une division en autant de coupes ou parcelles égales qu'il y a d'années dans la révolution adoptée. Le volume de bois obtenu par l'ensemble des exploitations de chaque année, se trouve déterminé d'après la contenance des coupes assises et fixées définitivement sur le terrain. Au contraire, lorsqu'on n'a établi par étendues sur le terrain que les surfaces affectées aux périodes entre lesquelles a été partagée la révolution, c'est le volume de bois déterminé d'avance qui règle l'importance des coupes.

La raison d'être de cette manière d'opérer réside ou résidait dans ce que j'appellerais volontiers le *préjugé* du rapport soutenu. Le *rapport soutenu*, en sylviculture, consiste dans l'uniformité du rendement annuel d'une forêt. Que l'on s'efforce de ne pas s'en écarter d'une manière excessive, rien de mieux ; cela rentre dans l'esprit d'ordre et de régularité qui doit animer toute bonne gestion. Mais de là à tout rapporter, à tout sacrifier à cette uniformité, il y a fort loin assurément ; d'autant plus que cet excès de régularité ne se trouve nulle part. Quelle est la propriété rurale, quel est le vignoble, quels sont les prés qui fournissent constamment leur rapport soutenu, c'est-à-dire un produit, un revenu annuel toujours égal? Les grandes industries elles-mêmes, les plus solides, ne donnent pas un revenu toujours pareil. Demandez plutôt à leurs actionnaires!

L'asservissement rigoureux à ce fameux rapport soutenu est la grande raison d'être de la possibilité par volume. Et la possibilité par volume étant la loi des exploitations, aucune coupe principale n'a ses limites fixées d'avance sur le terrain. Le forestier,— que ce soit le propriétaire lui-même, un régisseur ou l'agent d'exécution d'une administration publique,— sachant qu'il a à prendre 150 mètres cubes en coupes principales, je suppose, dans l'affectation la plus âgée, choisira et fera marquer les arbres à abattre, son calepin de martelage d'une main, son tarif de cubage de l'autre ; et quand il aura atteint le volume réglementaire, il clora l'opération en indiquant sommairement les limites de la coupe par quelques flachis sur les arbres environnants.

On comprend aisément que des exploitations établies d'une manière aussi vague, aussi « mal définie », pour employer l'expression même de M. Broilliard, entraînent forcément un certain manque d'ordre après elles. Bientôt les coupes successives chevauchent les unes sur les autres, leurs limites cessent bien vite d'être apparentes, et le règlement d'exploitation, soigneusement rédigé d'après les données recueillies sur place, n'est pas établi sur le terrain. Non seulement un étranger aux matières forestières parcourant une futaie pleine traitée d'après la possibilité par volume, n'y comprendrait rien ; mais un forestier de profession qui la visiterait pour la première fois, sans avoir au préalable étudié le cahier d'aménagement et sans avoir le texte du règlement d'exploitation sous les yeux. risquerait fort de ne pas s'y reconnaître lui-même.

Avec des coupes assises d'avance sur le terrain, bien délimitées et numérotées à l'aide de bornes aux extrémités des lignes séparatives, tous ces inconvénients disparaissent. Et quant à la question de la quotité annuelle du rendement, l'éminent forestier dont nous apprécions ici l'ouvrage soutient, non sans apparence de raison, que l'égalité à laquelle il est désirable de parvenir sera au moins aussi bien garantie avec la possibilité par contenance qu'avec la possibilité par volume.

« En exploitant chaque année quatre coupes de même contenance, dit-il, on obtient un rendement plus égal, qu'avec un volume pris tantôt ici, tantôt là, en des peuplements différents, une année tout en coupe d'ensemencement avec de petits arbres (1), une autre année tout en coupe secondaire avec des arbres de choix qui, à volume égal, valent le triple des premiers. » Notre auteur fait remarquer plus loin que le calepin et le registre de contrôle sont aussi faciles à tenir et même plus simples pour une futaie, dans le système de la possibilité par contenance, que pour un taillis.

On ne saurait le nier, le mode d'exploitation des futaies pleines, préconisé par M. Broilliard, et dont, sans d'ailleurs entrer dans les détails de l'exécution, l'on a ci-dessus donné les grandes lignes, offre un cachet d'ordre, de régularité et

---

(1) Dans une première coupe de régénération, où il s'agit avant tout de laisser pénétrer jusqu'au sol un peu de lumière solaire pour faire germer les graines qui tomberont des arbres maintenus sur pied, on fait naturellement tomber les moins beaux sujets, les pieds dominés et de moindre valeur. Dans les coupes secondaires, au contraire, où la portée culturale de l'opération est de dégager le peuplement naissant, on fait tomber des arbres en plein rapport et parvenus à leur complet développement.

de simplicité qui séduit tout d'abord. Les importantes et développées considérations par lesquelles il appuie le principe de la possibilité par contenance appliquée aux futaies pleines, sont incontestablement d'un grand poids.

L'impartialité oblige toutefois à reconnaître qu'un tel système ne rencontre pas une adhésion unanime. C'est d'ailleurs le sort commun à toute théorie nouvelle, par cela seul qu'elle bouleverse plus ou moins les idées reçues, contrarie de vieilles habitudes intellectuelles, et aussi parce que, à côté d'incontestables avantages, elle peut aussi n'être pas à l'abri de toute objection. L'Ecole forestière de Nancy ne paraît pas admettre sans réserve la possibilité par contenance en matière de vieilles futaies ; elle pense cependant qu'elle peut se concilier avec la possibilité par volume (1). Appliquer en même temps la possibilité par volume et la possibilité par contenance à une forêt donnée, c'est là un problème dont la solution ne s'impose pas à l'esprit avec la clarté de l'évidence.

V

Sapinières, pineraies et prés-bois

Les conifères ou arbres résineux, sapin, épicea, pins et mélèze, sont des végétaux gymnospermes, d'un stade moins élevé dans l'échelle phytologique que les feuillus qui sont des angiospermes ; ils ne repoussent pas de souche ni par drageons comme ces derniers. Et puisque nous avons défini la futaie un peuplement forestier qui ne se regénère que par la semence, il résulte de ce qui précède que tout massif de résineux est nécessairement un massif de futaie, et qu'il ne supporte pas d'autre mode de traitement.

Mais si toute forêt résineuse est une futaie, elle n'est pas nécessairement une futaie *pleine*, car on ne peut guère appliquer cette qualification à une sapinière *jardinée*, par exemple.

Nous étudierons tout à l'heure la futaie jardinée.

(1) L. Boppe, directeur de l'Ecole nationale forestière de Nancy; *Revue des Eaux et Forêts* du 10 janvier 1894, p. 30.

Auparavant parlons un peu des sapinières traitées en futaie pleine.

On comprend sous la dénomination générale de *sapinière*, toute forêt peuplée soit de sapin (*Abies*) à l'état pur, soit d'un mélange de sapin et d'épicea (*Picea*) ou de hêtre (*Fagus*).

La méthode du réensemencement naturel et des éclaircies subit ici, dans les détails de l'application, des changements déterminés par le tempérament des essences. Le sapin notamment offre cette particularité remarquable de supporter indéfiniment un couvert épais au-dessus de lui. A la vérité, tant que dure cette situation, il ne progresse pas, il ne grandit ni ne grossit ; mais il ne dépérit pas ; que le couvert qui l'enrayait vienne à disparaître, aussitôt il prend son élan et atteint rapidement les dimensions d'un arbre fait. Il aime également, tandis qu'il baigne sa tête en pleine lumière, à avoir son pied fortement ombragé ; et à cet égard une discrète proportion de hêtre est d'un utile concours en une sapinière.

Sans posséder, au moins au même degré, le privilège du sapin, l'épicea souffre moins du couvert que bon nombre d'autres essences, notamment que le chêne ou les pins. En outre ses racines courent à fleur de terre, alors que celles du sapin s'enfoncent profondément ; et en mélange, ils semblent tous deux se piquer d'émulation : c'est à qui croîtra le plus vite et montera le plus haut. L'épicea forme au dessous de lui un couvert plus épais encore que celui du sapin et contribue à maintenir une fraîcheur d'autant plus grande au pied de ce dernier. Tous deux croissent rapidement, surtout en hauteur.

Une *pessière,* c'est-à-dire une sapinière exclusivement ou très principalement composée d'épicea (vulgo : *pesse*) est dans de moins bonnes conditions de végétation que mélangée au sapin ou au hêtre. Le défaut de racines pivotantes expose plus particulièrement à être renversés par les vents, des massifs parfois entiers d'épiceas que ne consolide pas le voisinage côte à côte de sapins aux racines profondément enfoncées dans le sol, voire encastrées dans les fentes de la roche, ou au moins de hêtres, dont les racines en partie fasciculées opposent toujours au vent plus de résistance que l'épicea.

Pour exposer clairement l'application de la méthode du réensemencement naturel et des éclaircies aux sapinières, soit pures, soit mélangées, il faudrait reproduire en entier l'excellent chapitre que lui consacre l'auteur du *Traitement des bois*, ce qui ne saurait se faire ici. Mieux vaut s'y reporter. Mais il nous faut dire quelques mots les sapinières *jardinées*.

Le *jardinage*, en matière forestière, n'a qu'une analogie purement métaphorique avec l'industrie chère aux maraîchers et aux amateurs de légumes. *Jardiner* une forêt, l'exploiter *en jardinant*, y pratiquer des coupes *jardinatoires*, c'est tout un, et cela veut dire prendre les arbres bons à couper là où on les trouve, çà et là, sans ordre, au moins apparent. L'état jardiné d'une sapinière se reconnaît d'ordinaire au premier aspect. Tous les âges s'y trouvent mêlés et rapprochés sur tous les points à la fois ; on n'y voit que rarement, souvent même pas du tout, des groupes d'arbres d'âge égal et formant massif régulier de quelque importance.

Les sapins et les épicéas, qui s'accommodent volontiers d'avoir des cimes étagées, sont particulièrement propres à ce genre d'exploitation. Il y a quelque quarante ans, quand l'auteur des présentes lignes en était encore à ses débuts dans la pratique du métier, la méthode jardinatoire était généralement honnie parmi les forestiers français, considérée comme surannée et indigne de la science ; telle était même encore, il n'y a pas un bien grand nombre d'années, l'opinion de maints aménagistes.

Ce n'est point, hâtons-nous de le dire, celle d'un praticien aussi expérimenté que notre auteur, dont l'observation attentive et approfondie s'est portée en tant de pays et sur des situations si variées. Ce n'est point non plus, en général, celle des agents d'exécution, journellement aux prises, dans les sapinières des versants montagneux, avec des incidents et accidents naturels auxquels le traitement jardinatoire sait parer beaucoup mieux que tout autre.

Il y aurait sans doute excès en sens contraire à proscrire d'une manière absolue la méthode du réensemencement naturel et des éclaircies dans les sapinières. Sur les plateaux du Jura par exemple, il se rencontre fréquemment des situations abritées contre les vents violents où cette méthode — appelée à tort *méthode naturelle*, car elle est au contraire essentiellement l'effet, le résultat de l'art du forestier — peut être appliquée sans danger et même avec avantage. Encore est-il bon de diriger cette application de telle façon que le plan des cimes, dans la partie supérieure des massifs, ne soit pas un obstacle infranchissable au passage des paquets de neiges des grands hivers; car alors tout plierait et se briserait sous le fardeau du froid linceul.

Mais, sur les versants rapides, exposés aux tourmentes de l'atmosphère, l'inégale répartition des âges avec la disposition étagée des cimes qui en est la conséquence, atténue dans une large mesure les dangers que les accidents atmosphériques, si fréquents et si intenses dans les hautes altitudes, font toujours courir plus ou moins aux forêts ou massifs d'arbres. Le vent a moins de prise, en de telles situations, sur un grand arbre qu'étaient en quelque sorte les arbres plus jeunes et de cime moins haute dont il est entouré, eux-mêmes environnés ou entremêlés de perches et de très jeunes bois, que sur un ensemble de vieux sujets régulièrement espacés entre eux et n'offrant résistance que d'une seule façon. Aussi n'est-il pas rare, dans les sapinières de haute montagne soumises à la méthode des éclaircies, de voir, à la suite de coupes secondaires ou même de coupes d'ensemencement un peu claires, des peuplements entiers renversés par un seul coup de vent soufflant en tempête. Un massif jardiné, et par suite irrégulier, résiste beaucoup mieux, et les dégâts qu'il ne peut pas éviter sont rarement aussi graves que ceux des massifs éclaircis et réguliers.

Il ne faudrait pas croire, cependant, que l'exploitation jardinatoire des sapinières soit une exploitation livrée au hasard, et que la méthode du jardinage consistât précisément dans l'absence de méthode.

Un jardinage doit toujours être fait avec circonspection et d'une manière raisonnée. Ici, comme dans toute autre méthode, on doit toujours manœuvrer de manière à ne pas interrompre le massif, à ne pas laisser des lacunes se produire dans le peuplement, enfin à ne récolter qu'une quantité de bois équivalente à la production ligneuse de la forêt.

On comprend que, dans la méthode jardinatoire, la possibilité par volume soit fort difficile à établir; et quant à la possibilité par contenance, il ne saurait en être question. Tout au plus pourrait-on, — et cette marche est même à conseiller pour peu que quelque gradation d'âge se manifeste parmi les arbres présentement ou prochainement exploitables, — partager la forêt en un petit nombre de surfaces destinées à être jardinées successivement. Mais cela ne constitue pas une possibilité.

M. Broilliard adopte résolument un troisième mode de possibilité: la possibilité par *pied d'arbre*, le nombre d'arbres à abattre chaque année étant déterminé par le nombre d'hectares de la forêt. Celle-ci a-t-elle 100 hectares, on peut y prendre annuellement 150 sapins, parmi ceux qui dépassent quatre pieds de tour (0^m40 de diamètre) à 4 pieds ou 1^m30 du sol. C'est une moyenne d'un arbre et demi par hectare; et pour peu que les arbres abandonnés à l'exploitation mesurent l'un dans l'autre un diamètre de 60 centimètres et une longueur de fût de 24 mètres, ils donneront près de 4 mètres cubes par arbre, soit environ 600 mètres cubes pour les 150 arbres. Si les âges des gros arbres permettent de partager la forêt en dix parcelles, par exemple, on n'aura à parcourir chaque année que le dixième de l'étendue totale de la forêt, en marquant quinze arbres par hectare; en même temps on enlèvera, en passant, les perches sans avenir, les *chandeliers* (arbres dont la cime est brisée) et les arbres dépérissants, mais en faisant entrer ces derniers dans le nombre de quinze à l'hectare. La règle d'un bon jardinage dans une sapinière peut se fixer en quelques mots : choisir de préférence, pour être abattus, les vieux arbres qui couvrent de la jeunesse; éviter les larges trouées, ne pas dégarnir les lisières, et se bien garder d'isoler les arbres peu branchus qui, pauvres en racines, seraient bien vite, une fois isolés, le jouet ee la première bourrasque; se bien garder également d'enlever les perches dominées, elles sont l'avenir du peuplement à partir du jour où sera venu le tour d'exploitation des arbres qui les dominent. Bien entendu que quand on rencontre un hêtre exploitable, on le sacrifie de préférence à un résineux non dépérissant.

Quant à la fixation du chiffre exact du nombre d'arbres à exploiter chaque année, elle doit dépendre assurément de l'étendue de la forêt, mais d'une autre donnée encore. Suivant le plus ou moins de vigueur de la végétation, liée soit au climat, à l'exposition ou à la fertilité du sol, cette quotité peut varier dans d'assez larges limites pour un même nombre d'hectares. On a supposé, tout à l'heure, une possibilité de trois arbres par deux hectares; mais il se pourrait que, dans la même localité, sur un autre versant, cent autres hectares ne comportassent plus qu'une possibilité de trois arbres pour quatre hectares, tandis qu'ailleurs, dans un fonds et un climat privilégiés, on pût sans danger étendre cette possibilité à deux arbres par hectare.

Dans une forêt jardinée, comme dans toute forêt de futaie, soit pleine, soit sur taillis, l'inventaire du matériel soigneusement établi, parcelle par parcelle, est la première base sur laquelle on doit s'appuyer. Des observations et mensurations soigneusement faites sur un certain nombre d'arbres d'expérience, abattus à cet effet, permettront d'établir par comparaison le volume de l'accroissement annuel qui sera ensuite rapporté au volume de l'arbre exploitable. Le résultat de ces diverses opérations, dûment consigné sur le registre de contrôle, sera examiné de loin en loin, tous les 10, 15 ou 20 ans par exemple, de manière à ce qu'on soit constamment au courant de la marche de la végétation, c'est-à-dire de la production ligneuse, pour y conformer toujours la possibilité et le règlement d'exploitation.

Parmi les arbres résineux, l'épicéa et le sapin sont loin d'être les seules essences forestières qui se rencontrent en France et dans les pays similaires. Le mélèze joue un rôle considérable dans les hautes altitudes des Alpes, et les pins sylvestre, maritime, de montagne, cembro, laricio, à pignons, d'Alep, et même noir d'Autriche (celui-ci d'introduction récente) sont représentés en plus ou moins fortes proportions dans les massifs forestiers des divers climats.

M. Broilliard se plaint vivement de ce que, en Bourgogne, en Champagne *et ailleurs*, on confonde sous la même fausse dénomination de *sapins* les diverses variétés de pins.

Comme il a raison !

Ainsi qu'il le fait observer en toute justesse, les arbres du genre pin *(Pinus)* et ceux du genre sapin *(Abies)* diffèrent autant entre eux que le bouleau (*Betula*) diffère du hêtre (*Fagus*). Et non seulement ils diffèrent botaniquement, mais le tempérament, le mode de croissance, les exigences des pins diffèrent considérablement des exigences, du mode de croissance et du tempérament du sapin, comme d'ailleurs de l'épicea.

C'est surtout des pins sylvestre et maritime que l'extension est grande en France. Le pin d'Alep est spécial à la région méditerranéenne, où il croît fréquemment sur les calcaires arides, en mélange avec le chêne yeuse, le kermès, l'arbousier, les lentisques, etc. Quant au pin à pignons ou *pin d'Italie*, dont la cime s'étale en large ombelle au sommet de la tige, c'est aussi un arbre méditerranéen ; mais il forme rarement des massifs et croît plutôt à l'état isolé, ou bien épars au sein des forêts de chêne-liège. Le pin de montagne ou à crochets (*P. montana*, *uncinata*) est le sylvestre des très hautes altitudes. Est-il, dans le genre *pinus*, une espèce légitime ou bien une race particulière du *P. sylvestris*. La seconde alternative est la plus probable, mais la question importe peu dans les vues générales qui font l'objet de cette étude. Rien à dire non plus du pin cembro, cantonné aux extrêmes limites de la végétation ligneuse, et qui semble d'ailleurs une essence en voie d'extinction.

Spontané dans les terrains siliceux des Pyrénées, des Alpes, des Montagnes Noires, du Plateau central, le pin sylvestre a été introduit, de main d'homme, un peu partout en France, notamment dans les Vosges, en Sologne, et jusque dans les terres crayeuses de la Champagne. Néanmoins, ce pin est naturellement *silicicole ;* c'est dans les terrains siliceux qu'il prospère généralement le mieux. Mais ce serait aller trop loin d'affirmer qu'il ne peut réussir que là. M. Broilliard lui-même en convient implicitement, puisqu'il cite précisément les pineraies de la Champagne, et donne d'excellentes prescriptions sur la manière d'opérer pour créer des massifs de pins et en tirer bon parti dans les terrains à base calcaire.

D'un feuillage relativement léger, ennemi du couvert, le pin sylvestre a besoin de pouvoir développer librement sa cime. Sous ce rapport, la méthode des éclaircies lui convient

particulièrement ; celles-ci doivent être un peu fortes, pas
assez pour permettre aux cimes de s'étaler à la façon des
pommiers de verger, mais en leur laissant assez de partici-
pation à l'air et à la lumière, pour qu'elles puissent prendre
un développement normal ; ce n'est qu'à cette condition que
les fûts se développeront à la fois en hauteur et en grosseur.
C'est généralement de 60 à 80 ans que les pins sylvestres
donnent leur graine avec abondance ; c'est aussi dans ces
limites que doit être fixé le plus ordinairement leur âge
d'exploitabilité. On peut alors réaliser rapidement la coupe
d'ensemencement, en enlevant un arbre sur deux, et *en
extrayant immédiatement la souche* ; les graines germeront
promptement sur la terre ainsi remuée. Le repeuplement
une fois bien constitué, on procédera à la coupe secondaire
en enlevant encore un arbre sur deux, réservant toujours les
plus beaux, qui seront pris en coupe définitive quelques
années plus tard. Quelquefois, ce sont des sapins ou même
des feuillus qui reconstituent le peuplement sous les pins ; la
régénération devra alors se faire en quatre ou cinq coupes,
se succédant à cinq ou six ans d'intervalle.

Si le pin sylvestre est silicicole par préférence, on peut dire
que le pin maritime l'est exclusivement. Il suffit d'une teneur
en chaux de 3 p. c. dans les éléments constitutifs d'un sol
pour que le *pin des landes*, comme on l'appelle souvent, ne
puisse y vivre. Il craint aussi le froid et ne peut être introduit sans danger au-delà du 46ᵉ parallèle (Ruffec, Aubusson,
Gannat, Roanne, Haute-Savoie, Valais, Carniole) ; toutefois,
grâce sans doute à l'influence du voisinage de l'Atlantique et
du Gulf Stream, il remonte, dans les départements de l'ouest,
jusqu'aux environs du Mans. D'autre part, la graine en lève
avec tant d'abondance et de facilité, les jeunes semis se développent si rapidement, qu'on est toujours tenté d'en faire des
peuplements dans les terrains siliceux à boiser ou à repeupler.
Tant qu'il ne vient pas d'hivers bien rigoureux, c'est une
opération très productive, la croissance du pin maritime étant
presque double de celle du pin sylvestre. Mais vienne une
période de grands froids, comme, par exemple, celle de
décembre 1879, janvier et février 1880... Gare, alors ! A cette
époque, d'immenses peuplements de pin maritime périrent

entièrement, tant au nord de la Loire que sur sa rive gauche. Les pertes furent énormes, car la plupart de ces pins étaient de grands arbres, les uns exploitables, les autres ne devant pas tarder à le devenir.

Quoi qu'il en soit, la vraie patrie du pin maritime est dans les pays où le thermomètre ne descend jamais de 5 ou 6 degrés au plus au dessous de zéro, et qui surtout ne sont pas sujets à des alternatives violentes de gel et de dégel. En France, la Provence, les dunes du littoral occidental, les landes de la Gascogne sont les seules régions qui lui conviennent absolument. Plus encore que le sylvestre il exige de fortes éclaircies, supportant mal l'état serré, ne donnant jamais, d'ailleurs, de ses aiguilles allongées et coriaces mais peu nombreuses, qu'un couvert très léger.

Les massifs de pin maritime appelés *pignadas* ou *pignadars*, se créent par semis. Pour peu que le sol lui convienne, sa graine lève vite, les jeunes tiges s'élèvent rapidement, et le fourré en est si abondant qu'il faut parfois en arracher une partie pour assurer la bonne venue du surplus; en tout cas, dès l'âge de 5 ou 6 ans, il faut commencer à desserrer les massifs et renouveler l'opération de 5 ou 6 ans en 5 ou 6 ans, de telle sorte que vers l'âge de 20 ans, il ne reste plus que six à sept cents tiges à l'hectare.

Dans les pays chauds commence alors la fructueuse opération du *gemmage* ou *résinage*, qu'il ne saurait être question de décrire ici, mais qui constitue, dans les contrées où elle est pratiquée, le produit principal, la plus grosse part du revenu de tout pignadar.

Le danger d'incendie est très grand dans les forêts de cette nature. Les procédés culturaux et autres conseillés ou pratiqués pour conjurer ce péril sont nombreux. Ils l'atténuent plus ou moins mais ne le suppriment pas. L'un d'eux consiste dans le *soutrage* ou enlèvement annuel des bruyères ajoncs et autres végétaux frutescents formant broussailles sous les arbres. Mais en enlevant un aliment à l'incendie, on appauvrit le sol, comme aussi d'ailleurs en introduisant le bétail sous bois pour brouter l'herbe qui pousse sous les pins. M. Broilliard donne l'excellent conseil d'introduire le chêne pédonculé, d'abord en mélange avec le pin, mais pour le remplacer ensuite, ce chêne croissant merveilleusement dans la lande assainie, y donnant un bois de première qualité, et capable, dans un avenir peu éloigné, de procurer un rendement supérieur même à celui du pignadar. Le danger d'incendie serait presque annulé, ou du moins réduit dans une proportion énorme, par cette substitution d'essences.

Mais la grande difficulté pour arriver à une amélioration de cette importance, c'est, là comme en tant d'autres cas, l'esprit de routine. Le métier de résinier est le plus répandu parmi les populations de ces contrées, et le résinier est l'ennemi-né du chêne; partout où il le rencontre parmi les pins, il se hâte de l'extirper. Là est l'obstacle, et il est à craindre qu'il ne soit pas de si tôt renversé.

Le pin d'Alep (*P. Halepensis*) ou de Jérusalem (*P. Hierosolymitana*) est un pin *calcicole*, en ce sens qu'il s'accommode des terrains calcaires les plus stériles et les plus brûlants; mais il ne se refuse pas à croître dans des sols d'une autre nature, pourvu que le climat soit suffisamment chaud. Il redoute le froid, et, comme également le pin à pignons ou pin parasol, il ne dépasse pas la région de l'olivier. Le pin d'Alep s'associe volontiers à l'yeuse ou chêne vert, propre, lui aussi, à s'implanter dans les fissures des roches calcaires des Alpes provençales. On exploite alors ce dernier en taillis et l'on constitue la futaie sur taillis avec les pins réservés à cet effet. M. Broilliard voudrait qu'on subordonnât entièrement l'exploitation du chêne vert à celle du pin d'Alep, celui-ci étant l'essence la plus précieuse. Mais pourquoi le chêne vert est-il moins précieux? Parce qu'on ne l'exploite jamais qu'en taillis et qu'on ne le laisse pas parvenir à l'état d'arbre de futaie. Supposons qu'on sème en mélange des glands d'yeuse et des graines de notre pin. Celles-ci donneront des tigelles d'une croissance plus rapide que les plantules de chêne, et qui s'élanceront au dessus des jeunes chêneaux. Par des éclaircies faites à propos on dégagera fortement ces derniers, de manière à ne pas laisser les pins gêner leur croissance : on aura ainsi, successivement, un gaulis, puis un perchis, une demi-futaie mélangée d'yeuse et de pin de Jérusalem. Quand ce dernier aura atteint, de 60 à 80 ans, son plein âge d'exploitabilité, le chêne vert sera encore dans toute la force de la croissance; les pins enlevés, on se trouvera en présence d'une jeune futaie de chêne yeuse d'un bel avenir. Or, dans ces conditions, le bois du chêne vert, compact, homogène, très dur, richement maillé, ne serait-il pas plus précieux que le bois, somme toute assez médiocre, du pin d'Alep?

M. Broilliard, lui, conseille un jardinage approprié des pins élevés sur le taillis. Soit un taillis sous pineraie partagé en 20 ou 25 coupes, « on peut se borner à enlever successivement dans chacune d'elles les pins mûrs ou dominant des semis et les tiges trop serrées, en même temps qu'on récèpe avec soin le taillis de chêne. Ce récépage, effectué sous des pins isolés pour la plupart, entretiendra un sous-bois des plus utiles par son couvert et par son produit, tout en permettant la reproduction de la pineraie. Le jardinage des pins, réduit aux bois mûrs ou surabondants, et assurant ainsi le développement des arbres, donnera bientôt la prépondérance à l'essence la plus précieuse », c'est-à-direaux pins.

Je ne demande pas mieux. Mais que deviendra la régularité d'un taillis récépé autour de l'emplacement de chaque pin exploité en jardinant? Quand, à la longue, les pins auront pris une prépondérance très accentuée sur le taillis, la disparition même, ou à peu près, de celui-ci fera disparaître l'irrégularité. Mais en attendant?... On se représente malaisément l'aspect d'un taillis *jardiné* avec la futaie qui le surmonte.

Pure question de détail d'ailleurs.

Ne quittons pas les futaies résineuses sans dire quelques mots des forêts de mélèzes. Elles n'ont pas, comme les sapinières, les pessières et les pineraies, un nom collectif qui les spécifie, et leur habitat est relativement peu étendu en France, car le mélèze ne sort pas des limites de la Provence, du Dauphiné et de la Savoie, entre 1,000 et 2,500 mètres d'altitude. Mais elles n'en offrent pas moins un puissant intérêt. D'ailleurs, transporté dans des contrées moins froides que l'aire naturelle de son habitation, le mélèze peut encore, sans y acquérir les mérites qu'il doit aux conditions climatériques des lieux où il se montre spontanément, rendre des services très appréciables.

Le mélèze d'Europe (*Larix europœa*) est essentiellement une essence des Alpes. Il y forme souvent des forêts à l'état pur; d'autres fois il se mêle au sapin et à l'épicéa, souvent même au pin sylvestre. D'un feuillage clair et léger bien qu'abondant et très améliorant pour le sol puisqu'il se renouvelle intégralement chaque année; se ressemant de lui-même avec une extrême facilité; le mélèze se prête très bien au traitement par la méthode du réensemencement naturel et des éclaircies. Elle lui convient même beaucoup mieux, quand il est à l'état pur, que la méthode jardinatoire. Grâce à son couvert léger et à l'espacement assez large qu'il réclame, l'herbe pousse souvent abondante et serrée sous les grands arbres dont la feuillée, courte et disposée par bouquets, laisse toujours parvenir jusqu'au sol quelques rayons tamisés de l'astre du jour. On peut alors, et tant que le massif n'arrivera pas en tour de régénération, y mettre les vaches au pâturage, sans danger et même avec profit, la forêt de mélèze, dès l'état de demi-futaie, pouvant nourrir une vache à l'hectare pendant toute la saison d'été (1).

Dans un terrain plat ou peu incliné, comme il s'en rencontre encore assez souvent sur les hauts plateaux des Alpes, le traitement par les éclaircies et le pâturage des vaches sous les grands bois sont choses excellentes. Mais souvent aussi le mélèze s'accroche, soit seul, soit mêlé au pin sylvestre, à des versants abrupts où la présence constante d'un certain nombre de grands arbres est indispensable au maintien des terres et des pierres elles-mêmes. Le jardinage, qui ne comporte jamais de coupes d'ensemble, mais seulement d'arbres ou bouquets d'arbres épars, est alors la seule méthode applicable. Seulement, le tempérament du mélèze et du pin sylvestre, tout différent de celui du sapin et de l'épicéa, oblige à modifier sensiblement l'application du système : au lieu de jardiner par arbres épars et choisis isolément, le mélèze et le pin ne s'accommodant pas de l'état d'arbres étagés, il faut les exploiter par groupes, de manière à découvrir des surfaces susceptibles de se réensemencer, et éclaircir les

(1) Il ne s'agit, bien entendu, ici que du pâturage des bêtes bovines. Quant au mouton, il est, dans les mélèzes comme ailleurs, une cause de ruine et de destruction pour toute forêt où on le laisse pénétrer.

groupes parvenus à l'état de perchis. D'ailleurs, ici comme dans les sapinières, il faut tout d'abord déterminer la grosseur à admettre pour l'arbre exploitable et la possibilité par pieds, en subordonnant toujours celle-ci à la conservation du sol. Il est de toute évidence d'ailleurs que, dans une forêt jardinée, il ne saurait être question d'introduire les bestiaux. Pâturage et jardinage sont, comme l'a fait excellemment remarquer M. Broilliard, deux termes qui s'excluent.

Il existe, dans les pays de montagnes, une nature de propriété mixte, composée de pâturages entremêlés de bouquets de grands arbres. C'est ce qu'on appelle des *prés-bois*. L'herbe y occupe toutes les parties où le sol est relativement riche et frais, surtout les fonds ; les bouquets d'arbres couvrent les saillies du terrain, les parties pierreuses ou escarpées. Le type du pré-bois est dans les montagnes de la chaîne du Jura où le sol et le climat bénéficient d'une certaine proportion d'humidité. Mais on le rencontre également dans les climats chauds et secs des Alpes, sur le sol graveleux du Plateau central, comme sur les pentes abruptes de la chaîne pyrénéenne sur laquelle le voisinage des deux mers entretient un état climatérique relativement doux et humide.

Arrêtons ici ce trop long verbiage. Ce n'est pas, certes, que le sujet soit épuisé. Sans parler de ce qu'il y aurait à dire sur la bonne gestion et l'amélioration des prés-bois, que de questions intéressantes à traiter à propos des semis et plantations pour reboisement, suivant les sols, les essences et les climats, — sur les pépinières pour préparation, entretien et continuation des reboisements, — sur la restauration des montagnes, la fixation des dunes, la mise en valeur des landes, friches et sols impropres à la culture, etc.!

L'étude des différents bois, de leur stucture, de leurs qualités diverses, de leur valeur, des vices qui peuvent les déprécier, mériterait aussi de fixer notre attention.

Mais, c'est surtout le sujet très complexe de l'estimation des forêts en fonds et en superficie qui demanderait une étude approfondie et un travail spécial. Très complexe est, en effet, un tel sujet et non moins important. Qu'il s'agisse d'acheter ou de vendre une propriété de cette nature, ou qu'elle vous advienne par succession, une telle estimation s'impose, surtout s'il est inévitable de procéder à un partage. Il y a aussi, se rattachant au même ordre d'idées, le cas des forêts usufruitières dont le propriétaire ne pourra jouir qu'après la mort du possesseur de l'usufruit. Cas particulièrement difficile, épineux, délicat, vu la quasi-impossibilité d'établir une démarcation nette et précise entre le matériel producteur représentant le capital que l'usufruitier doit respecter intégralement, et la production ligneuse annuelle, la seule dont le bénéficiaire de l'usufruit ait droit de disposer.

Si le lecteur qui a bien voulu me suivre n'a pas trop baillé sur les pages qui précèdent, s'il a eu la constance d'aller jusqu'au bout et n'en a pas ressenti trop d'ennui, peut-être ces questions pourront-elles faire quelque jour l'objet d'une nouvelle causerie. A son défaut, et mille fois mieux que par elle, celles-là seront-elles étudiées avec fruit et attrait dans l'excellent traité de mon savant ami M. Broilliard, à qui revient d'ailleurs tout l'honneur de ce qui a pu se rencontrer d'intéressant dans *l'Art d'être propriétaire de bois.*

www.ingramcontent.com/pod-product-compliance
Ingram Content Group UK Ltd.
Pitfield, Milton Keynes, MK11 3LW, UK
UKHW022126170726
13837UKWH00003B/1387